Ram Awadh Ram
Ram Kripal Pathak

Bio-intensificadores

Ram Awadh Ram
Ram Kripal Pathak

Bio-intensificadores

ScienciaScripts

Imprint

Cover image: www.ingimage.com

This book is a translation from the original published under ISBN 978-3-330-33128-0.

Publisher:
Sciencia Scripts
is a trademark of
Dodo Books Indian Ocean Ltd. and OmniScriptum S.R.L publishing group

120 High Road, East Finchley, London, N2 9ED, United Kingdom
Str. Armeneasca 28/1, office 1, Chisinau MD-2012, Republic of Moldova, Europe
Printed at: see last page
ISBN: 978-620-8-18374-5

Resumo do conteúdo

Biomagnificadores: uma ferramenta potencial para melhorar a fertilidade do solo e a saúde das plantas na horticultura biológica

***R.A. Ram e **R.K. Pathak**

*Diretor Científico, Instituto Central de Horticultura Subtropical, Rehmankhera,
Lucknow-226101, Índia
Correio eletrónico: raram_cish@yahoo.co.in
**Ex-Diretor, Instituto Central de Horticultura Subtropical, Rehmankhera,
Lucknow-226 101, Índia

Introdução

A utilização indiscriminada de agroquímicos nas últimas 5-6 décadas teve um impacto negativo na fertilidade dos solos, na produtividade das culturas, na qualidade dos produtos e, sobretudo, no ambiente. O teor de carbono orgânico do solo desceu para mais de 0,5% na maioria dos solos indianos. Nestas condições, a manutenção da fertilidade do solo e a produtividade das culturas são os principais problemas que a agricultura enfrenta. Um grande número de macro e micronutrientes também se tornou insuficiente numa ou noutra parte do país. A fertilização está a tornar-se cada vez mais popular na maioria dos Estados. Atualmente, a maior parte dos fertilizantes solúveis são importados para o país e são muito caros e inacessíveis aos agricultores. Tendo trabalhado de perto com sistemas de agricultura biológica durante mais de uma década, acreditamos que os "bio-enhancers" poderiam ser uma forma alternativa e económica de resolver muitos problemas, incluindo uma alternativa económica e eficiente para a fertilização.

Nos sistemas de produção biológica, coloca-se sempre a questão de saber como melhorar a fertilidade do solo, a produtividade das plantas e o controlo das pragas utilizando técnicas ecológicas. A utilização de preparações orgânicas líquidas é uma prática muito antiga na Índia. *A Kunapajala,* preparada na exploração agrícola através da fermentação de carne animal com produtos vegetais, era uma técnica bem estabelecida na Índia antiga. Como alternativa, muitos agricultores biológicos desenvolveram as suas próprias técnicas, baseadas na experiência local e com nomes específicos como *Amritpani, Panchagavya, Bijamrita e Jeevamrita*, etc. Noutros sistemas de agricultura biológica, existem também algumas preparações eficazes como BD-500, BD-501, estrume de vaca, fertilizante líquido BD e na agricultura biológica Homa: água enriquecida com cinza de agnihotra e biossol são meios eficazes utilizados por várias organizações. É interessante notar que em todas estas preparações, os ingredientes básicos são produtos de vaca. Para dar-lhes um nome genérico, serão doravante referidos como "bio-enhancers". Uma análise da literatura disponível sobre os bio-estimulantes mostra que existe uma margem considerável para a sua promoção na agricultura. Assim, tentámos rever a informação disponível com o objetivo de encorajar a comunidade científica a realizar investigação sistemática, as organizações de extensão a promovê-los como alternativas baratas aos agroquímicos e os agricultores a fabricarem os seus próprios produtos e a utilizá-los de acordo com as suas necessidades.

Contexto

Os "Bio-Enhancer" são preparações orgânicas obtidas pela fermentação ativa de resíduos animais e vegetais durante um determinado período. São uma fonte rica de consórcios microbianos, macro e micronutrientes e substâncias promotoras do crescimento das plantas, incluindo substâncias estimulantes da imunidade. Em geral, são utilizados para o tratamento de sementes/plantas, para melhorar a decomposição da matéria orgânica e, consequentemente, para enriquecer o solo e melhorar a vitalidade das plantas".

É interessante notar que estes organismos podem ser produzidos na exploração agrícola com um pouco de equipamento de infra-estruturas e formação prática. Estes organismos (bactérias e bolores) melhoram a saúde do solo, decompondo substratos orgânicos complexos em formas simples e tornando-os disponíveis para as plantas, aumentando assim a produtividade. Os biofertilizantes são ainda praticamente desconhecidos no mundo científico. A eficácia destes produtos, a sua utilização potencial na agricultura, a experiência disponível e a informação científica foram examinadas do seguinte modo

É importante mencionar que a 'vaca' desempenha um papel fundamental na maioria dos sistemas de agricultura biológica na Índia e noutros locais (Pathak, et *al.*' 2010). O uso de estrume e urina de vaca como agentes de biocontrolo para tratar doenças humanas e de plantas tem uma longa história. Já em 1657, Austen tratou feridas de poda frescas com estrume de vaca para prevenir o cancro da maçã. Zhang *et al* (1996) relataram o controlo da podridão radicular de Phythium e doenças de antracnose em cucurbitáceas através do enriquecimento do solo com composto.

Os cinco produtos da vaca (estrume, urina, leite, ghee e coalhada) são utilizados em diferentes sistemas orgânicos. Diz-se que os alimentos que entram no intestino da vaca são parcialmente assimilados pelos organismos para desenvolverem as suas próprias forças dinâmicas. A maior parte é eliminada nas fezes. É lamentável que, com o advento dos fertilizantes, os agricultores indianos tenham gradualmente esquecido a utilização dos produtos de vaca na agricultura, pelo que se vêem confrontados com a atual crise. Já é tempo de os agricultores e os cientistas reconhecerem a importância da vaca para a sustentabilidade da agricultura e tentarem reintroduzir a glória da vaca na nossa cultura e na nossa agricultura.

A importância das vacas na agricultura

Muitos dos principais intelectuais do mundo consideram os Vedas como o repositório de conhecimentos avançados e acreditam que os Vedas estão na origem do processo de pensamento científico. Numerosas citações dos Vedas atestam a importância da vaca na vida quotidiana e na manutenção do bem-estar: a vaca é um animal altamente venerado na cultura indiana e devemos protegê-la para usufruir dos seus benefícios (Rig-Veda 1.164.27, Rig Veda 1.165.40). Outros escritos antigos do *Sanatan Dhrama* (conhecimento antigo), tais como Upnishaden, Puranas, Mahabharta e Manusmriti, também louvam as virtudes da vaca. A "vaca" ocupa o mais alto lugar de honra na civilização indiana. Acredita-se que concede todos os desejos humanos, razão pela qual é também conhecida por "Kamdhenu". Devido à ignorância, as vacas, quando deixam de produzir leite, são abandonadas à sua sorte e obrigadas a levar uma vida miserável comendo polietileno e outros detritos nas cidades. Tendo trabalhado na agricultura biológica durante mais de 15 anos, estamos firmemente convencidos de que temos de convencer todos os cidadãos do país a respeitar a "Mãe Vaca". Os agricultores biológicos têm de compreender que o estrume e a urina são parte integrante da agricultura biológica e que são fornecidos pela vaca até à sua morte. Esta mensagem tem de ser transmitida aos agricultores para que todos cuidem da vaca até ao fim da sua vida.

Fig.1. Vaca nativa com corcunda e chifre

Na Índia, cerca de 70% da população escolheu a agricultura como profissão. A maior parte deles são pequenos agricultores com um ou dois hectares de terra. Para as explorações de pequena dimensão, não há melhor alternativa do que integrar o gado no sistema agrícola. Há apenas algumas décadas, os agricultores utilizavam bois para arar, colher e transportar as colheitas, bem como para toda uma série de actividades agrícolas. O leite de vaca, o requeijão, o ghee para a saúde humana, o estrume como fertilizante para a saúde do solo, a urina de vaca e o leitelho para o controlo de pragas e doenças eram práticas comuns em todas as famílias de agricultores.

Ao contrário das máquinas pesadas, como os tractores e as ceifeiras-debulhadoras, os bois percorrem o campo com ligeireza para não danificar a superfície do solo. Enquanto o campo está a ser lavrado, os bois aliviam-se e fertilizam o solo. A vaca desempenha, portanto, um papel fundamental em todos os sistemas de agricultura biológica (Nene, 2003 e Pathak e Ram, 2003).

Energia da aura

Está agora provado que todos os objectos animados e inanimados emitem energia luminosa, que pode ser medida através da fotografia Kirlian. Os Vedas já conheciam este facto desde 3500 a.C. Verificaram que cada planta tinha um determinado nível de energia. Se o nível de energia de uma planta desce, podemos deduzir que ela está a sofrer de uma infeção ou de uma deficiência. De facto, os produtos de vaca são uma fonte eficaz de potenciadores de energia aura para as plantas, ajudando a aumentar a força das plantas e a lidar com problemas de pragas, como se mostra abaixo.

A vaca e a energia da aura

A luz emitida por objectos animados e inanimados é chamada energia da aura. Um dispositivo eletrónico chamado Universal Thermo Scanner mede instantaneamente o campo bioenergético de objectos animados e inanimados (Murthy, 2005, *portoworld@ gmail.com*). Este aparelho funciona segundo o princípio da energia da aura e do comprimento de onda. Neste contexto, é importante mencionar que as plantas são atacadas por parasitas e doenças quando a sua energia aura está esgotada. Estas plantas têm uma energia negativa que pode ser quantificada com o scanner universal. Nestes casos, a urina e o estrume de vaca actuam como um bom meio de suplementar a energia positiva. O Dr. Murthy mediu as energias dos produtos de vaca conhecidos como *panchagavya*. Curiosamente, os cinco produtos de vacas com uma corcunda em forma de pirâmide tinham todos energias aura mais elevadas do que os outros itens. Obteve resultados que são surpreendentes para o mundo científico moderno: por exemplo, os seres humanos têm uma energia positiva de 2,5 a 2,8 m (m 'energia aura, medida em metros). Enquanto que a vaca tem uma energia aura de 4,5 a 6,0 m' e os seus produtos, conhecidos como *panchagavya*, têm uma energia aura entre 6-14 m', como resumido no Quadro 1.

Quadro 1: Energia aura de diferentes produtos de vaca

S.Nr.	Produto da vaca	Energia da aura	Efeito
1	Leite de vaca	12-13 m'	É uma alternativa eficaz ao leite materno
2	Queijo cottage	6.5-6.7m'	Elimina as toxinas do organismo
3	Kuhghee	14m'	A combustão reduz a poluição atmosférica
4	Estrume de vaca	6m'	Quando utilizado para limpar o chão, protege contra as bactérias e, no telhado, protege contra a radiação nuclear.
5	Kuhurin	8-9.0m'	É um desinfetante e pode curar muitas doenças se for utilizado regularmente.

Uma vez que os produtos de vaca são os principais ingredientes utilizados no fabrico de biofertilizantes, as principais caraterísticas destes produtos de vaca são enumeradas a seguir:

Estrume de vaca

A utilização de estrume de vaca é conhecida desde o tempo de Kautilya (cerca de 300 a.C.) e tem sido utilizada desde a antiguidade para mordente de sementes, reboco das extremidades cortadas da cana-de-açúcar propagada vegetativamente, tratamento de feridas e pulverização de soluções diluídas nas plantas. Mais de 60 espécies de bactérias e mais de 100 espécies de protozoários estão presentes no rúmen da vaca (Nene, 2003). A maioria das bactérias são fermentadoras de celulose, hemicelulose e pectina. Os componentes da bílis são sais, ácidos e pigmentos. O estrume de vaca é, de facto, o resíduo digerido de bactérias herbívoras que se encontram no rúmen do animal. Os alimentos que a vaca recebe passam pelo intestino e são enriquecidos com esta carga microbiana. Os indianos veneram o estrume de vaca como *"Lakshimi",* a deusa da riqueza. De facto, *Gobar- dhan-puja* é literalmente a adoração de *Gobar* (estrume de vaca), *dhan* (riqueza). O estrume de vaca é venerado porque é a fonte de renovação da fertilidade do solo e, por conseguinte, da sustentabilidade da sociedade humana e a chave para a sustentabilidade da agricultura. Andar sobre estrume de vaca fresco foi outrora uma prática saudável e um modo de vida tradicional nas aldeias indianas. Basicamente, o estrume de vaca dos estábulos é uma mistura de estrume e urina, geralmente numa proporção de 3:1. É constituído por fibra bruta, proteína bruta e outras substâncias. A fibra bruta é constituída por celulose e lenhina, estando também presentes hemiceluloses e pentosanos (polissacáridos à base de açúcares pentose). Os sais biliares conferem às gotículas hidrofóbicas um invólucro hidrofílico, pelo que actuam como emulsionantes e têm propriedades anti-sépticas.

Os dois principais pigmentos biliares são a bilirrubina (amarelo avermelhado/ouro) e a biliverdina (verde). A biliverdina é encontrada principalmente em animais herbívoros e dá uma cor esverdeada às fezes (Nene, 2007). As vibrações da vaca têm um poderoso efeito curativo no seu ambiente (Orion Transmission Prophecy by Parvati, EUA, 2003). Um estudo concluiu que o extrato de estrume de vaca tem propriedades antimicrobianas que podem ser utilizadas para combater certas doenças patogénicas e outras afecções (Shrivastawa et al, 2014). O revestimento de sementes de grão-de-bico com estrume de vaca mostrou um efeito notável no controlo de doenças transmitidas pelo solo. Após o revestimento das sementes com estrume de vaca, observou-se uma redução das hidrolases da parede celular, das defesas imunitárias e do crescimento de fungos. Nautyial et al (2013) concluíram que o tratamento de sementes com estrume de vaca promove o crescimento e a nodulação das plantas, proporcionando resistência a doenças relacionadas com a infeção através de uma defesa ativa contra o agente patogénico e de um melhor estado da capacidade de defesa. Quando as sementes são tratadas de várias formas com estrume de vaca, ficam cobertas com resíduos de estrume de vaca (Nautiyal et al., 2006). Cientistas do Instituto Central de Horticultura Subtropical, Lucknow, Índia, identificaram 4 estirpes poderosas de *Bacillus subtilis* que demonstraram uma forte capacidade anti-patogénica

Quadro 2: População microbiana no estrume fresco de vaca

S.Nr.	Tipo microbiano	Fator de diluição	População (ufc/g)
1.	Bactérias	107	8.825
2.	Cogumelos	10^5	0.625
3.	Actinomicetos	10^6	3.96
4.	Azotobacter	107	0.0348
5.	Azospirillum	107	0.0143
6.	Gram-positivo	107	29.75
7.	Gram-negativo	10^8	1.8
8.	Rhizobium	10^8	7.5
9.	Pseudomonas	10^8	1.44
10.	Micróbios dissolventes de fosfato	10^8	1.9

contra uma série de doenças dos frutos, como a podridão da manga, da goiaba e da papaia (Pathak *et al.*, 2009). Também identificaram actinomicetos como *Streptosporangium pseudovulgare*, que mostrou potencial antipatogénico contra *Colletotrichum gloeosporioides* (agente da antracnose) e *L. theobromae* (agente da doença da goma, podridão do caule e recaída, Garg *et al,* 2003, 2012). A análise microbiana do estrume fresco de vaca mostrou que este contém abundantes bactérias fixadoras de azoto e solubilizadoras de fósforo, bem como outros micróbios (Quadro 2) Ram et al, 2017.

Caraterísticas do estrume de vaca

- O sistema digestivo da vaca é um verdadeiro cosmos na natureza, o mais sofisticado do planeta.
- Estão presentes mais de 60 espécies de bactérias e 100 espécies de

protozoários.

no rúmen da vaca;

- O estrume produzido depois de passar pelo intestino da vaca contém até 25% de micróbios;
- Composto por celulose bruta, proteína bruta, celulose, lignina, hemicelulose e pentose;
- Contém mentol, amoníaco, fenol, indol e formaldeído em abundância, nomeadamente

Os bacteriófagos eliminam os agentes patogénicos;

- No ICAR-CISH, Lucknow, Índia, um *actinomiceto* identificado como *Streptosporangium psedovulgare* e quatro estirpes potenciais de *Bacillus subtalis* foram identificados como tendo potencial antipatogénico contra a antracnose, a podridão da goma, a podridão do caule e o agente do declínio das plantas ;
- O estrume de vaca é o melhor corretor de solos;
- Utilizado para produzir composto enriquecido, biomagnificadores, biopesticidas e polpa de árvores.
- O chifre de vaca é um agente potencial para o fabrico de duas preparações BD eficazes, BD-500 e BD-501;
- O estrume é o principal ingrediente do Cow Pat Pit (CPP) e do BD-500;
- O bolo de estrume e o ghee são elementos fundamentais da agricultura homa;

Kuhurin

A utilização da urina de vaca tem uma longa história na Índia. *O Gaw-mutra* (urina de vaca) é descrito como um líquido com inúmeras propriedades terapêuticas, capaz de curar várias doenças incuráveis em seres humanos e plantas. O governo indiano, o Instituto de Patentes, concedeu uma patente (patente n.º 189078) ao Sr. Virendra Kumar Jain pela sua descoberta e inovação da terapia com urina de vaca e da composição terapêutica ayurvédica. A invenção diz respeito a uma nova utilização da urina de vaca como potenciador da atividade e promotor da disponibilidade de moléculas bioactivas, incluindo anti-infecciosos. A invenção tem um impacto direto na redução drástica da dosagem de antibióticos, medicamentos e anti-infecciosos, ao mesmo tempo que aumenta a eficiência da absorção de moléculas bioactivas, reduzindo assim o custo do tratamento e também os efeitos secundários devidos à toxicidade **(patente dos EUA número 6410059).**

O estudo acima referido baseou-se no alívio sintomático verificado nos pacientes que foram submetidos ao nosso tratamento. Por alívio sintomático entende-se uma melhoria das condições físicas, como a má alimentação, a dificuldade em engolir, a obstipação e outros problemas. Além disso, foram e estão a ser realizados vários estudos que ilustram o seu papel da seguinte forma:

Patentes dos EUA n.º 6896907 e 7235262

A invenção diz respeito a uma nova composição farmacêutica que contém uma quantidade eficaz de uma fração bioactiva de destilado de urina de vaca como promotor de biodisponibilidade e aditivos farmaceuticamente aceitáveis selecionados a partir de compostos anticancerígenos, antibióticos, medicamentos, agentes terapêuticos e nutracêuticos, iões e moléculas semelhantes que visam sistemas vivos. **(WO2004087176).** Uma composição útil para proteger e/ou reparar o ADN de danos oxidativos, a referida composição inclui destilado de urina de vaca redestilada (RCUD) com os componentes ácido benzoico e ácido hexanóico, com um teor de amoníaco da composição entre 5-15 mg/L e, opcionalmente, juntamente com antioxidantes; e um método para proteger e/ou reparar o ADN dos danos oxidativos utilizando a composição de acordo com a reivindicação 1, compreendendo o referido método as etapas de estimativa da quantidade de ADN dobrado numa amostra, de mistura da composição com o ADN antes ou depois da exposição do ADN ao agente oxidativo danificador do ADN e de determinação da percentagem de ADN dobrado na mistura, protegendo e/ou reparando o ADN dobrado na amostra.

ADN contra os danos oxidativos.

A urina de vaca é uma fonte rica de macro e micronutrientes e tem propriedades desinfectantes e profilácticas. Purifica a atmosfera e melhora a fertilidade do solo. A urina de vaca tem um efeito germicida espantoso e mata um grande número de germes. Contribui para o bom funcionamento do fígado, o que garante um fornecimento de sangue saudável e puro. Jandaik et al (2015) estudaram o efeito da urina de vaca no tratamento de doenças fúngicas de vegetais. Eles relataram que, entre 5%, 10% e 15%, a urina de vaca foi mais eficaz em uma concentração de 15%. Comparando os três organismos fúngicos, a supressão máxima do crescimento de *Fusarium oxysporum* (78,57%) foi observada em uma concentração de 15% de urina de vaca, seguida por *Rhizoctonia solani* (78,37%) e *Sclerotium rolfsii* (73,84%). O efeito nutricional da urina de vaca no crescimento das plantas também foi testado com plantas *de Trigonella foenum-graecum* (Methi) e *Abelmoschus esculentus* (Bhendi), e o conteúdo de clorofila e proteína também foi estimado.

Um pesticida líquido biodinâmico preparado a partir de urina de vaca ajuda a controlar a murcha de goiaba (Gupta et al., 2009). A urina de vaca também contém micróbios que são úteis para o crescimento de várias plantas (Tabela 3). A urina de vaca dá ao corpo uma capacidade de defesa contra doenças, que pode ser resumida da seguinte forma:

- A urina de vaca tem propriedades antibacterianas, antifúngicas e antivirais, o que faz dela a secreção de origem animal mais eficaz e com inúmeros valores terapêuticos.
- O ácido úrico presente na urina actua como um fertilizante e uma hormona.
- A urina de vaca contém cobre, que é transformado em ouro no corpo humano. O ouro tem o poder de destruir todas as doenças e é um antídoto.
- Contém ferro, cálcio, fósforo, dióxido de carbono, potássio e lactase, bem como 24 sais diferentes.
- Os medicamentos feitos a partir da urina de vaca são utilizados para tratar uma variedade de doenças.
- Tem um efeito desinfetante e profilático, limpando e melhorando a fertilidade do solo.
- Contém 95% de água, 2,5% de ureia, sais minerais, hormonas e enzimas.
- Contém aminoácidos, citocininas e lactonas que desempenham um papel importante no reforço do sistema imunitário.
- Na agricultura biológica, a urina de vaca é utilizada para produzir uma série de bioimperadores e biopesticidas que melhoram a fertilidade do solo, decompõem rapidamente os resíduos orgânicos e combatem um grande número de pragas e doenças em diferentes grupos de culturas.

Tabela 3: População microbiana na urina fresca de vaca

S.Nr.	Tipo microbiano	Fator de diluição	População (ufc/g)
1.	Bactérias	107	0.00043
2.	Cogumelos	10^4	-
3.	Actinomicetos	10^6	0.0012
4.	Azotobacter	107	0
5.	Azospirillum	107	0
6.	Gram-positivo	107	0
7.	Gram-negativo	10^8	0
8.	Rhizobium	10^8	0
9.	Pseudomonas	10^8	0
10.	Micróbios dissolventes de fosfato	107	

Leite de vaca

O leite de vaca é chamado "*gorasa*" ou o sumo segregado pelo corpo da vaca. O leite de vaca nativo é pobre em colesterol e rico em proteínas, com um elevado valor biológico e nutricional. É fácil de digerir e é frequentemente utilizado na medicina *ayurvédica* para tratar várias doenças. Sabe-se que o leite das raças de vacas autóctones tem um melhor valor terapêutico.

O leite tem uma mistura única de 101 substâncias diferentes que contêm o valor nutricional dos seus componentes. As proteínas contêm 19 aminoácidos. O leite de vaca é essencial para o desenvolvimento dos tecidos mais finos do cérebro humano, para que possamos compreender as subtilezas do conhecimento transcendental. O Gabinete Nacional de Investigação Genética Animal da Índia demonstrou recentemente a excelente qualidade do leite das raças de gado indianas. Depois de estudarem 22 raças de gado, os cientistas concluíram que em cinco raças autóctones com elevada produção de leite - Red Sindhi, Sahiwal, Tharparkar, Rathi e Gir - o estatuto do alelo A2 do gene da beta-caseína era de 100%. No caso de outras raças indianas, era de 94%, enquanto no caso de raças exóticas, como a Jersey e a HF, era de apenas 60%. O alelo A2 é responsável por fornecer mais ácidos gordos ómega 6 no leite. A vaca indiana nativa de raça pura produz leite A2, que contém menos betacosmophorin-7 (BCM-7), ao contrário das vacas híbridas, que geralmente produzem leite A1. Num estudo sistemático, Nautiyal et al (2009) descobriram que o leite de vaca aplicado a uma planta promoveu o crescimento geral da planta. Eles isolaram um consórcio de três estirpes bacterianas, nomeadamente *Bacillus lentimorbus* (B-30486), *B. Subtilis* (B-30487) e *B. Lentimorbus* (B-30488) do leite de vaca Shahiwal (Mehta e Nautiyal, 2006, 2001 e Nautiyal, 1999). Além disso, *B. Lentimorbus* foi reclassificado como membro de Paenibacillus a conselho do Departamento de Agricultura dos Estados Unidos, Illion. Os micróbios aí presentes, como o *Lacto bacillus*, produzem ácidos orgânicos que promovem o crescimento das plantas e repelem os agentes patogénicos. Com base no teor de fosfato solúvel do leite, verificou-se que o leite de vaca Shahiwal está mais próximo do leite materno humano devido ao seu teor mais baixo de fosfato solúvel em comparação com o leite de vaca Holstein e de búfala. Na ausência de leite materno humano, o leite de vaca Shahiwal poderia, portanto, ser uma alternativa melhor do que o leite de vaca. A estirpe B-30488 foi avaliada quanto à sua capacidade de biocontrolo contra *Fusarium oxysporum* f. sp. *Ciceri* e *Alternaria solani* para proteger o grão-de-bico contra a murchidão bacteriana e os tomates contra o míldio através de análises microscópicas e de expressão genética (Khan et al., 2011 e 2012). A estirpe B-30488 também melhorou a tolerância à seca e aos metais pesados (crómio) com *Piriformspora indica*, aumentando significativamente a biomassa e o teor de nutrientes no grão-de-bico (Nautiyal et al, 2012). A indução de antioxidantes mediada pela estirpe B-30488 em legumes (*Trogonella foenum-graecum*, *Lactuca sativa*, *Spinacea oleracia* e *Daucus carota*) e frutos (*Citrus sinensis*) após um tratamento mínimo (fresco, cozinhado e congelado) foi testada através da estimativa do teor de fenóis totais e do teor de enzimas antioxidantes (Nautiyal et al, 2008). A análise genómica revelou a sua função na promoção do crescimento das plantas, proteção das plantas, sideróforos, exopolissacarídeos, fitases e degradação de poluentes orgânicos, proporcionando oportunidades de utilização biotecnológica (Chaudhari et al., 2014). A inoculação de B-30488 sozinha e em combinação com *Piriformosora indica* aumentou significativamente a biomassa e o teor de nutrientes do grão-de-bico (Nautiyal et al., 2010).

O leite de vaca e o ghee contêm uma grande quantidade de nutrientes e são o alimento ideal para doentes cardíacos com níveis elevados de colesterol no sangue. O consumo regular aumenta a força física e mental, mantém o corpo saudável e aumenta a potência. Também ajuda a eliminar as impurezas do corpo. A quercetina contida no leite ajuda a melhorar a visão. A coalhada de vaca e o leitelho são bons estimulantes do apetite e mantêm um sistema digestivo normal, preservando as bactérias pró-bióticas a longo prazo. As principais propriedades do leite são enumeradas a seguir.

- O leite contém uma mistura única de 101 nutrientes diferentes dos seus componentes. As proteínas são compostas por 19 aminoácidos.
- Os micróbios que contém, como o *Lacto bacillus*, produzem ácidos orgânicos que promovem o crescimento das plantas e as tornam resistentes aos agentes patogénicos e ao stress biótico.
- O leite de vaca local é pobre em colesterol, rico em proteínas e tem um elevado valor biológico e nutricional.
- O leite é fácil de digerir e é frequentemente utilizado na medicina *ayurvédica* para tratar as seguintes doenças de várias doenças nos seres humanos e nas plantas;
- É uma fonte rica em ácidos gordos ómega 3, com um elevado teor de CLA (ácido linoleico conjugado) e MDgi, uma proteína que suprime o cancro.
- O glutamato, a leucina e a prolina representam cerca de 40% do total de aminoácidos presentes no leite.
- Verificou-se que o aminoácido prolina provocava sistematicamente resistência nas plantas.
- A pulverização da planta com leite resulta numa resistência sistematicamente adquirida ao enrolamento das folhas na malagueta (Kumar *et al.*, 2002).
- O leite é também utilizado para combater o oídio.
- Um nível elevado de prolina endógena aumenta o nível de citocininas e auxinas.

Soro de leite coalhado

O leitelho é um subproduto da produção de manteiga/ghee. Na Ayurveda, o leitelho é utilizado tanto para manter a saúde como para tratar doenças. Há uma série de razões pelas quais o leitelho é utilizado para a saúde. É fácil de digerir, tem propriedades adstringentes e um sabor ácido. Melhora a digestão e reduz a sensação de inchaço. É um remédio natural para o inchaço, a irritação e a indigestão, as perturbações gastrointestinais, as perturbações do baço, a anemia e a falta de apetite.

O leitelho é um produto refrescante e saudável que reduz o calor do corpo, especialmente quando as temperaturas sobem e o sol bate impiedosamente. Mantém-nos frescos mesmo nos dias mais quentes de verão. O ácido lático, o principal ingrediente desta bebida, reforça o sistema imunitário do corpo e mantém-no em forma contra doenças e infecções bacterianas. O leitelho é também um alimento importante nas dietas de perda de peso, uma vez que contém todos os nutrientes e vitaminas essenciais sem as calorias. Auxilia a digestão e ajuda a manter o equilíbrio hídrico e um trato gastrointestinal saudável.

Possui numerosos valores terapêuticos para a saúde humana e para a agricultura. O leitelho fermentado durante 2 a 3 semanas tem sido utilizado desde tempos antigos para combater parasitas e doenças. Num estudo, foram isolados 35 isolados de bactérias e 21 isolados de leveduras na CSK Himachal Pradesh Agriculture University, Palampur, Índia. A utilização de insumos biológicos como probióticos na agricultura biológica é um novo conceito de proteção contra as pragas das plantas. Estudos preliminares sobre o leitelho efectuados por Himankshi *et al* (2011) revelaram algumas observações interessantes. Os testes in vitro mostraram que 11 isolados bacterianos e 8 isolados de levedura tinham actividades probióticas. Quatro espécimes de *Lacto coccus*, 6 de *Lacto bacillus* e 1 de *Bacillus* foram considerados eficazes contra agentes patogénicos bacterianos. Os probióticos bacterianos foram eficazes contra agentes patogénicos de plantas selecionados, com ou sem a combinação de urina de vaca.

- O leitelho é um subproduto da produção de manteiga/ghee;
- Tem um grande valor terapêutico para a saúde humana e para a agricultura;
- O leite de manteiga, fermentado durante duas a três semanas, é utilizado desde a antiguidade para combater parasitas e doenças;
- Num estudo, 35 isolados bacterianos e 21 isolados de leveduras foram isolados de CSK HPKVV, Palampur, Índia ;
- Nos testes in vitro, 11 isolados de bactérias e 8 isolados de leveduras mostraram atividade probiótica;
- Foram encontradas quatro espécies de *Lacto coccus*, seis de *Lacto bacillus* e uma de *Bacillus*.

eficaz contra agentes patogénicos bacterianos resistentes a antibióticos em seres humanos;

- Os probióticos bacterianos foram eficazes contra agentes patogénicos de plantas selecionados, com ou sem uma combinação de urina de vaca.

Kuhghee

O ghee, também conhecido como manteiga clarificada, é utilizado há milhares de anos na Ayurveda como remédio terapêutico. Na Índia antiga, o ghee era o óleo alimentar preferido. Os resultados mostraram que a alimentação com 10% de ghee durante 4 semanas não teve um efeito significativo nos níveis de colesterol total no soro, mas aumentou os níveis de triglicéridos em ratos Fischer. A ingestão de 10% de ghee na dieta não aumentou a peroxidação lipídica microssómica ou os níveis de peróxido lipídico microssómico no fígado. Estudos em animais demonstraram numerosos efeitos benéficos do ghee, incluindo reduções dose-dependentes do colesterol total, das lipoproteínas de baixa densidade (LDL), das lipoproteínas de muito baixa densidade (VLDL) e dos triglicéridos no soro; reduções do colesterol total, dos triglicéridos e dos ésteres de colesterol no fígado; e reduções da peroxidação lipídica não induzida por enzimas no homogenato de fígado. Um estudo efectuado numa população rural da Índia revelou que os homens que consumiam grandes quantidades de ghee tinham uma probabilidade significativamente menor de sofrer de doenças coronárias. Estudos sobre o Maharishi Amrit Kalash-4 (MAK-4), uma mistura de ervas ayurvédicas que contém ghee, não revelaram qualquer efeito sobre os níveis séricos de colesterol, lipoproteínas de alta densidade (HDL), LDL ou triglicéridos em pacientes com hiperlipidemia que tomaram MAK-4 durante 18 semanas. O MAK-4 inibiu a oxidação do LDL nestes pacientes (Sharma et al., 2010). O ghee de vaca é uma substância medicinal muito especial e é utilizado na preparação de certos encantadores biológicos, nomeadamente Amritpani e *Panchagavya*, e quando utilizado no fogo Agnihotra, actua como um veículo para energias subtis (Narang, 2007). O Ghee é também uma fonte rica de energia entre os compostos orgânicos, consistindo em glicerol, ácidos gordos saturados e insaturados. A combustão e a oxidação produzem hidrocarbonetos, aldeídos e formaldeídos. Formam-se também glicerol, acetona, aldeído pirúvico, glioxol, álcool metílico e etílico, acetaldeído, ácido fórmico e ácido acético. O ghee é um poderoso veículo de transporte das energias que sustentam a vida. As energias solares são captadas pelo ghee e os seus efeitos espalham-se por uma vasta área, nutrindo e fortalecendo todos os seres vivos onde se estabeleceu um ponto de ressonância.

- O ghee é a mais rica fonte de energia de todos os compostos orgânicos;
- Uma substância médica especial actua como portadora de energias subtis;
- Ajuda a queimar rapidamente os bolos de estrume em homas ;
- Quando ardem e oxidam, formam hidrocarbonetos, aldeídos e formaldeídos;
- Formam-se também glicerol, corpos de acetona, aldeído pirúvico e glioxol, álcoois metílicos e etílicos, acetaldeído, ácido fórmico e ácido acético;
- O Ghee é um poderoso portador de energias que sustentam a vida;
- As energias do sol são captadas pelo ghee, que nutre e fortalece todos os seres vivos.

Passamos agora a abordar brevemente a preparação dos potenciadores biológicos e o seu papel na produção vegetal biológica.

1. impulsionador orgânico

A Vrikshayurveda (ciência da vida vegetal) trata do cultivo e da nutrição das plantas com fertilizantes líquidos (preparados a partir de produtos vegetais e animais). Existem vários versos (por exemplo, Brahatasamhita de Varahamira, Surpalas Vrikshayurveda e Upavanavinoda de Sharangadhara) que fornecem informações sobre métodos de irrigação em que a água é misturada com produtos vegetais obtidos a partir de diferentes espécies de plantas e produtos animais para aumentar a produção das culturas (Sadhale, 1996). Kunapajala é uma combinação de duas palavras: "Kunapa" significa matéria morta ou em decomposição e "Jala" significa, segundo os dicionários sânscritos, a água obtida a partir dessa matéria morta. Kunapajala promove geralmente a floração, a frutificação e o crescimento vegetativo e é também utilizado para proteção das plantas (Majumdar, 1935). *O Kunapajala* é preparado fervendo em água a carne, a gordura e o tutano de animais como o veado, o porco, o peixe, o carneiro e a cabra, colocando-os numa panela de barro e acrescentando leite, O pó de bolo de sésamo, grama preta cozinhada em mel, decocção de leguminosas, ghee e água quente, era antigamente o método mais comum para estimular a força das plantas (Nene, 2007). Este estrume líquido fermentado é chamado *kunapajala.* É pulverizado nas plantas para aumentar a sua vitalidade e produção. Como a investigação não forneceu qualquer explicação ou dados sobre os efeitos da *kunapajala* que pudessem apoiar a sua utilização no cenário atual, os investigadores decidiram utilizar *a kunapajala* como fertilizante. Num estudo, Sarkar et al (2014) relataram que *Panchagavya* e Kunapajala provaram ser eficazes para aumentar o crescimento e o rendimento das plantas hortícolas, tanto individualmente como em combinação. A eficácia de cada tratamento variou, mas *o Panchagavya* com Kunapajala foi considerado a melhor solução para uma melhor utilização do azoto foliar, uma atividade fotossintética eficiente e um rendimento melhorado. A preparação do Kunapajala é um pouco complicada, pelo que foram discutidas as outras preparações, que são fáceis de preparar e utilizadas por um grande número de agricultores:

Os adubos concentrados, bioprodutos em pó ou líquidos, a seguir designados por biofertilizantes, são preparações orgânicas obtidas pela fermentação ativa de resíduos animais e vegetais durante um determinado período de tempo. Constituem uma fonte rica de consórcios microbianos, macro e micronutrientes e substâncias promotoras do crescimento das plantas, incluindo substâncias estimuladoras da imunidade. São utilizados no tratamento de sementes/plantas, favorecem a decomposição da matéria orgânica, enriquecendo assim o solo e garantindo uma maior vitalidade das plantas. Podem ser uma ferramenta eficaz para fertilizar diferentes culturas (Pathak e Ram, 2012).

Caraterísticas dos bio-energizantes

- Fonte potente de macro e micronutrientes ;
- Presença de factores que favorecem o crescimento das plantas ;
- Reforço da imunidade ;
- Propriedades pesticidas e fungicidas ;
- A eficácia é influenciada pelas matérias-primas utilizadas e pelo método de preparação. preparação.
- Utilizado para tratar sementes/plantas, promover a decomposição e melhorar a fertilidade e a produtividade do solo.
- Uma ferramenta de rega eficiente e de elevado desempenho!

Estas preparações podem ser espalhadas com água de irrigação, impregnadas em coberturas orgânicas, diluídas e pulverizadas como fertilizante foliar (Frank *et al;* 2005). Dependendo dos materiais utilizados na sua preparação e dos seus efeitos nas plantas, estes fertilizantes orgânicos à base de estrume têm efeitos diferentes. Em geral, desempenham um papel importante na rápida decomposição dos resíduos orgânicos e melhoram o teor de húmus do solo, que é essencial para manter a atividade dos microrganismos e outras formas de vida no solo. Estes bio-intensificadores são também úteis para suprimir o crescimento de agentes patogénicos. Numa experiência, Ram et al (2016) estudaram as propriedades antimicrobianas de certos bio-intensificadores. Testaram os bioensaios Amritpani, *Panchagavya*, Cow Pat Pit e Jeevamrita contra alguns agentes patogénicos selecionados em condições laboratoriais. O crescimento de *Aspergillus fumigatus* foi significativamente reduzido, enquanto se observou uma inibição total do crescimento de *Colletotricum gloeosporioides* e *Fusarium solani*. Preparados no local, estes produtos podem dissipar um certo número de receios e contribuir para aumentar a produção e atenuar um certo número de perturbações nutricionais dos solos e das culturas. É interessante notar que estes produtos podem ser fabricados no local com apenas algumas infra-estruturas e profissionais formados. Estes produtos fazem parte da tradição terapêutica ayurvédica, na qual os produtos autóctones da vaca (estrume, urina, leite, ghee e queijo fresco) são ingredientes centrais, juntamente com algumas ervas medicinais selecionadas. Estas últimas são conhecidas por fornecerem às plantas nutrientes essenciais e menos essenciais, estimulantes do crescimento e outras substâncias úteis (Sebastain e Christopher, 2007). As principais caraterísticas dos bioenergéticos são as seguintes

Em geral, existem dois tipos de bio-energizantes:

1.1 Reforços orgânicos à base de plantas

São fabricados a partir de plantas e folhas tenras inteiras, como o cânhamo, a dhaincha (*sesbania*), *a eritrina* e outras leguminosas como fonte potente de azoto, folhas de nim, pongâmia, subabul (leucaena leucocephala), gliricidia, lantana, calotropis e outras plantas indígenas com propriedades pesticidas, *pongamia*, subabul (*leucaena leucocephala*), gliricidia, *lantana, calotropis* e outras plantas indígenas com propriedades pesticidas, bem como ervas daninhas como *parthenium*, urtiga, *cassia tora*, etc.

1.2 Reforços biológicos de origem animal

Estes são produzidos a partir de estrume de gado, excrementos de ovelhas e cabras e fertilizantes de peixe (FAO, 2006). As combinações de subprodutos vegetais e animais têm um maior impacto na produção vegetal. Os fertilizantes líquidos, preparações líquidas de fertilizantes obtidas pela fermentação ativa de resíduos animais e vegetais durante um determinado período, são importantes (FAO, 2006). Os fertilizantes orgânicos líquidos desempenham um papel fundamental na estimulação do crescimento e no fornecimento de imunidade ao sistema vegetal (Sreenivasa *et al.*, 2010). Observou-se que o efeito da pulverização foliar de certas formulações aumenta o crescimento das plantas, o rendimento e a qualidade de diferentes culturas (Subhashini *et al.*, 2001; Natrajan, 2002; Sridhar, 2003; Venkataramana *et al.*, 2009; Sudhakar *et al.*, 2011). O estrume líquido é uma fonte rica de consórcios microbianos, macro e micronutrientes e substâncias promotoras do crescimento das plantas. Estas são utilizadas para tratar sementes/plantas, enriquecer o solo e melhorar a vitalidade das plantas.

Há uma tendência crescente para utilizar formulações naturais para a produção sustentável na agricultura biológica (Suthar, 2010). São utilizadas muitas formulações de estrume pelos agricultores em diferentes estados. Algumas formulações importantes e amplamente utilizadas são descritas a seguir. Consoante o tipo de formulação, os bio-melhoradores podem ser classificados em formulações simples e formulações especiais. Estas são brevemente descritas a seguir.

2. Preparações simples

Os agricultores de diferentes regiões utilizam muitas variações destas lamas. Frank *et al* (2005) recomendaram a sua utilização na cultura do algodão biológico, mas também são adequados para outras culturas.

2.1 Kuhurin: trata-se de uma preparação barata e eficaz que pode ser feita e utilizada para uma variedade de objectivos. A urina de vaca é misturada numa proporção de 1:10 e pulverizada sobre as plantas cada duas ou três semanas, enquanto as plantas estão a crescer. Também pode ser usada para tratar sementes/plantas antes da sementeira/transplantação.

2.2 Chorume de biogás: 10-15 kg de chorume de biogás, atados num pano e suspensos durante 10-15 dias num barril com 100 litros de água, de modo a que a água do barril se torne cinzenta a negra. O extrato acabado pode ser pulverizado nas plantas de 2 em 2 ou de 3 em 3 semanas até à floração, nas mesmas proporções de água.

2.3 *Matka khad* (adubo num vaso de barro): misturam-se 15 kg de estrume de vaca, 15 litros de urina de vaca e 250 g de açúcar negro, que se mantêm a fermentar durante 8 dias num vaso de barro (*matka*), diluídos em 200 litros de água. 2-3 pulverizações desta mistura provaram ser muito eficazes para o crescimento, floração e frutificação dos legumes.

2.4 . Charota (*Cassia tora*): Uma leguminosa infestante muito comum durante a estação das chuvas. 25 kg de folhas de charota fermentadas em 150 litros de água durante 10 a 15 dias constituem um fertilizante líquido eficaz para estimular o crescimento e a floração das culturas sazonais.

3. Reforços orgânicos especiais

Foram desenvolvidos vários biofertilizantes à base de vacas, isoladamente ou em combinação com alguns outros produtos, em diferentes sistemas de produção biológica e os seus efeitos foram registados. As principais caraterísticas dos biofertilizantes selecionados e os seus efeitos são discutidos a seguir:

3.1 Preparação biodinâmica (502-507)

Na agricultura biodinâmica, os preparados de composto são utilizados para fazer o composto. Estes preparados são ricos em carga microbiana e permitem que a energia cósmica seja utilizada na pilha. Estes preparados de composto são feitos com diferentes ervas. O preparado biodinâmico 502 é feito com flores de yarrow e estimula o teor de potássio, sílica e selénio do solo. O preparado biodinâmico 503 é feito com flores de camomila e estabiliza o azoto no composto. O preparado biodinâmico 504 é feito a partir da planta inteira de urtiga antes da floração. Este preparado favorece a decomposição, actuando sobre o teor de azoto do composto. O preparado biodinâmico 505 é feito a partir de pequenos pedaços de casca de carvalho e melhora o teor de cálcio e de fósforo da pilha e do solo. O preparado biodinâmico 506 é feito de

Fig. 2: (ilustrações da esquerda para a direita) plantas e flores de mil-folhas (*Achillea millefolium)*, flores de camomila (*Matricaria reticulata)*, urtiga (*Urtica dioica),* carvalho *(Quercus robor*), *(Taraxacum officinale) e* valeriana *(Valeriana officinalis).*

de flores de dente-de-leão secas. Este preparado estimula as bactérias de potássio/sílica no solo. O preparado biodinâmico 507 é feito de tintura de flores de valeriana e é pulverizado sobre a pilha de composto. Forma um cobertor térmico sobre a pilha e estimula a formação de fósforo no composto.

Foi efectuada uma análise microbiana dos preparados biodinâmicos e foram contadas as várias populações microbianas úteis, nomeadamente bactérias, fungos, actinomicetes, *pseudomonas*, bactérias Gram-positivas, bactérias Gram-negativas e bactérias p-solubilizantes, A contagem de Rhizobium, *Azotobacter e Azospirillum* foi efectuada através do método de contagem de placas de diluição, utilizando meios selectivos, nomeadamente ágar nutriente, ágar Rose Bengal Cloranfenicol (RBCA), ágar de isolamento de actinomicetos, ágar King's B (King *et al.*, 1954), ágar vermelho de metilo (Hagedorn e Holt, 1975), ágar cristal-violato (Goud *et al.*, 1985), ágar Pikovskaya (Pikovskaya, 1948), ágar de extrato de levedura de manitol com vermelho do Congo (CRYEMA, Fred *et al.*, 1932), ágar Jenson modificado (Jensen, 1954; Norris e Chapman, 1968) e meio de malato isento de N (Okon *et al.*, 1977). Detalhes dos micróbios isolados são apresentados na Tabela 4. 36 culturas microbianas foram testadas quanto à atividade de PGPR; uma mostrou produção de HCN, 8 mostraram atividade de PGPR.

Quadro 4: Diferentes populações microbianas na fossa de estrume de vaca e nos preparados biodinâmicos

Sl. Não.	Tipo de micróbio	Fator de multiplicação	Preparados biodinâmicos População microbiana (ufc/g)					
			502	503	504	505	506	507
1.	Bactérias	10^8	2.4	85.5	8.5	110.3	12.2	2.6
2.	Cogumelos	10^5	11.9	28.3	34.0	10.9	35.4	5.1
3.	Actinomicetos	10^6	22.6	14.6	65.0	21.1	194.0	810.7
4.	Bactérias Gram-positivas	10^8	1.0	0.002	6.5	2.6	10.9	1.3
5.	Bactérias Gram-negativas	107	1.6	0.03	15.7	0.6	10.4	15.4
6.	*Pseudomonas*	10^6	0.7	1.8	23.2	2.8	7.1	12.5
7.	micróbios solúveis em p	10^5	38.6	24.0	0.7	95.0	20.8	11.0
8.	*Azotobacter*	10^5	33.2	75.0	29.6	29.8	58.9	200.0
9.	*Azospirillum*	10^5	53.7	96.2	75.2	0.6	520.2	830.5

10.	Rhizobium	107	6.0	10.8	18.0	2.1	6.0	0.03

quelação e 8 outros mostraram a propriedade de produção de IAA (quadro 5)

Produção de substâncias poliméricas extracelulares e formação de biofilmes

Entre os micróbios isolados, foram encontrados 4 produtores de exopolissacarídeos, contribuindo para a

Quadro 5: Várias propriedades promotoras do crescimento vegetal de culturas bacterianas isoladas de preparações biodinâmicas

Sl. Não.	Cultura n	Produção de HCN	Produção de amoníaco	Produção de sideróforos	Produção IAA
1.	CISH-PGPR-BD -502 I	-	++	+	+
2.	CISH-PGPR-BD -502 II	-	++	-	-
3.	CISH-PGPR-BD-503 1MR	-	++	-	-
4.	CISH-PGPR-BD-503 2MR	-	++	-	-
5.	CISH-PGPR-BD-503 3MR	-	++	-	-
6.	CISH-PGPR-BD-503 4MR	-	++	-	-
7.	CISH-PGPR-BD-503 5MR	-	++	-	-
8.	CISH-PGPR-BD-503 6MR	-	++	-	-
9.	CISH-PGPR-BD-503 6	-	++	-	+
10.	CISH-PGPR-BD-503 N7	-	++	-	-
11.	CISH-PGPR-BD-503 C8	-	++	-	-
12.	CISH-PGPR-BD-503 8	-	++		+
13.	CISH-PGPR-BD-503 9	-	++	-	+
14.	CISH-PGPR-BD-503 10	-	++	-	+
15.	CISH-PGPR-BD-503 11	-	++	-	+
16.	CISH-PGPR-BD-504 C1	-	++	-	-
17.	CISH-PGPR-BD-506 I	-	++	-	+
18.	CISH-PGPR-BD -506 MRI	+	+	+	-
19.	CISH-PGPR-BD-506MRII	-	+	+	-
20.	CISH-PGPR-BD-506MRIII	-	+	+	-
21.	CISH-PGPR-BD-506MRIV	-	-	+	+
22.	CISH-PGPR-BD-507 CRI	-	++	-	-
23.	CISH-PGPR-BD-507 CR2	-	+	+	-
24.	CISH-PGPR-BD-507 CR3	-	++	-	-
25.	CISH-PGPR-BD-507 CR4	-	++	+	-
26.	CISH-PGPR-BD-507 CR5	-	+	+	-

para melhorar a fertilidade do solo (quadro 6).

Tabela 6: Formação de exopolissacáridos e biofilmes por micróbios isolados

Preparações BD	Isolado	Produção de EPS
	1	-
502	2	+
	3	-
503	1	-
	2	-
	3	+
	4	-
504	1	-
	4	+
	5	-
505	1	-
	2	-
	3	+
506	1	-
507	1	-

3.2 Chifre de vaca (BD-500)

Trata-se de estrume de vaca fermentado, que constitui a base da fertilidade dos solos e da renovação dos solos degradados. O estrume de vaca fresco, cheio de chifre de vaca, é enterrado num solo rico em húmus, integrando as energias cósmicas durante um determinado período. São enterrados em setembro-outubro e trazidos de novo em março-abril, quando as forças cósmicas estão mais activas no solo. Esta é geralmente a primeira preparação utilizada aquando da passagem para um sistema orgânico/biodinâmico. É a preparação biodinâmica de base para a pulverização no campo. A vaca é uma criatura terrestre com um sistema digestivo muito poderoso. O corno da vaca tem a capacidade de absorver as energias vitais durante a decomposição do estrume, que é incubado durante os meses de inverno.

É pulverizado um adubo especialmente preparado para revitalizar o solo e favorecer a germinação das sementes e a formação e desenvolvimento das raízes. Se possível, deve ser pulverizado quatro vezes por ano. As melhores épocas são o outono (outubro) e a primavera (fevereiro e março). Para pulverizar, dissolver 25 g de BD-500 em 13,5 litros de água num balde de plástico, agitando-o no sentido dos ponteiros do relógio e no sentido contrário ao dos ponteiros do relógio durante uma hora à noite. O princípio básico da agitação no sentido dos ponteiros do relógio e no sentido contrário ao dos ponteiros do relógio é que o processo de inversão cria o caos durante algum tempo. Durante este processo, as forças cósmicas são absorvidas, a água torna-se ativa e a preparação é enriquecida com oxigénio. A agitação de pequenas quantidades de substâncias em grandes quantidades de água chama-se "dinamização". Durante este processo, as forças energéticas são transferidas da preparação para a própria água. A solução é pulverizada com um pincel natural ou um ramo de árvore. Deve cair no chão em gotas. BD- 500 é pulverizado aquando da preparação do solo, ao fim da tarde, durante a fase de lua minguante.

Etapas do fabrico do BD-500

Os cornos de vaca são devidamente limpos com água. Aquando da recolha do chifre, deve ter-se o cuidado de assegurar que o chifre de vaca permanece firme na extremidade proximal e que as argolas se encontram na extremidade distal.

- Os cornos de vaca limpos são cheios de estrume fresco de vaca, sobretudo de vacas em lactação e de vacas de raças autóctones, de preferência criadas em pastagens, e enterrados a 30 cm de profundidade na zona sem raízes do solo durante a lua **minguante** de outubro e novembro.
- Após 6 meses de incubação, os cornos são retirados durante a fase de lua **minguante**, em março-abril.
- Se o estrume não se estiver a decompor corretamente, os cornos da vaca não devem ser retirados, mas sim deixados durante algum tempo e depois retirados novamente quando a lua estiver a minguar.

Fig.3. Preparação de estrume de chifre de vaca (BD-500) e mistura com água para pulverização

O composto devidamente decomposto é armazenado em vasos de barro num local fresco e com uma humidade óptima.

A análise microbiana dos preparados biodinâmicos foi efectuada e as contagens de várias populações microbianas úteis, nomeadamente bactérias, fungos, actinomicetes, *pseudomonas*, bactérias Gram-positivas, bactérias Gram-negativas, bactérias p-solubilizantes, rhizobium, *azotobacter e azospirillum* foram feitas utilizando métodos padrão (Quadro 7). Com a aplicação regular da preparação 500, todas as caraterísticas do solo são resumidas da seguinte forma:

- Forte formação de húmus
- Melhoria da estrutura dos crumble e da qualidade do solo.
- Aumento da população bacteriana.
- aumento da atividade rizobacteriana (nodulação) em todas as leguminosas, por exemplo, grão-de-bico, ervilhas, moong, sunnhemp, etc.
- Aumento das bactérias dissolventes de fosfato.
- Aumento da atividade das minhocas.
- A capacidade de absorção e retenção de água do solo é aumentada (NB: estudos internacionais demonstraram que o BD-500 aplicado aos solos requer 25% menos irrigação do que os solos tradicionais).

Quadro 7: Isolamento de micróbios de BD-500

Sl. Não.	Tipo de micróbio	Fator de multiplicação	População microbiana (ufc/g)
1.	Bactérias	10^8	2.4
2.	Cogumelos	10^5	11.9
3.	Actinomicetos	10^6	22.6
4.	Bactérias Gram-positivas	10^8	1.0
5.	Bactérias Gram-negativas	107	1.6
6.	*Pseudomonas*	10^6	0.7
7.	micróbios solúveis em p	10^5	38.6
8.	*Azotobacter*	10^5	33.2
9.	*Azospirillum*	10^5	53.7
10.	Rhizobium	107	6.0

- As plantas desenvolvem um sistema radicular profundo.

3.3 Sílica de corno de vaca (BD 501)

Trata-se de um outro preparado BD muito eficaz para reforçar o sistema imunitário e a atividade fotossintética das plantas, aumentando os níveis de clorofila nas folhas. Para o seu fabrico, o cristal de quartzo da montanha finamente moído (ácido silícico) é pulverizado sobre as plantas depois de devidamente incubadas. A sua ação consiste em reforçar o efeito da luz e do calor sobre as plantas e favorecer um crescimento saudável. Contribui para melhorar o teor de proteínas e de açúcares (Brix), o metabolismo, a resistência mecânica, o crescimento, a tolerância aos stresses ambientais (geada, seca, salinidade, toxicidade e carência mineral) e a resistência ao ataque fúngico. Melhora igualmente o sabor, a cor, o aroma e o prazo de validade dos produtos.

Fases de preparação

- Depois de recolhido o estrume de chifre de vaca (BD-500), os chifres de vaca são cuidadosamente limpos com água.
- Os chifres de vaca são enchidos com pasta de pó de sílica e enterrados na mesma cova onde foram enterrados os chifres de vaca para preparar o BD-500 durante a fase de lua crescente em março-abril.
- Após 6 meses de incubação, os cornos são retirados em outubro-novembro, durante a fase de lua crescente.
- O pó de sílica amarelo claro é retirado do chifre e armazenado em recipientes de vidro ao abrigo da luz, perto da janela.
- A BD-501 horn silica catalisa as forças cósmicas dos planetas exteriores Marte, Júpiter e Saturno e é utilizada de manhã cedo, especialmente no verão, quando as forças do interior da Terra sobem para a atmosfera.

BD-501 actua no processo fotossintético da folha, aumentando o teor de clorofila. Fortalece a planta, melhora a qualidade dos produtos vegetais e favorece o desenvolvimento de frutos e sementes. Para obter o máximo efeito, BD-501 deve ser aplicado uma vez no início da vida da planta, na fase de quatro folhas e novamente na fase de floração ou de maturação dos frutos. O BD-501 deve ser aplicado nas folhas sob a forma de

fina "neblina" de manhã ao nascer do sol e na melhor constelação, a **lua está virada para Saturno**.

A utilização do corno de vaca para produzir estrume de corno e sílica de corno é uma forma ideal de concentrar o fluxo de forças terrestres ou cósmicas no material introduzido no corno. Os micróbios isolados da sílica do corno de vaca são apresentados no Quadro 8.

Fig.4 Produção de sílica de chifre de vaca (BD-501)

3.4 Fossa de estrume de vaca (CPP)

Trata-se de um preparado biodinâmico especial para os campos, também conhecido como "champô para o solo". Para a sua preparação, é utilizado estrume fresco de vaca de vacas em lactação ou em pastoreio. Estrume de vaca

Quadro 8: Análise microbiana de BD-501

Sl. Não.	Tipo de micróbio	Fator de multiplicação	População microbiana (ufc/g)
1.	Bactérias	10^8	1.8
2.	Cogumelos	10^5	11.3
3.	Actinomicetos	10^6	3.3
4.	Bactérias Gram-positivas	10^8	0.1
5.	Bactérias Gram-negativas	107	0.2
6.	*Pseudomonas*	10^6	4.9
7.	micróbios solúveis em p	10^5	24.2
8.	*Azotobacter*	10^5	49.0
9.	*Azospirillum*	10^5	0.7
10.	Rhizobium	107	6.0

O estrume é devidamente misturado com cascas de ovo esmagadas (cálcio) e basalto/bentonite (argila) e vertido num fosso de 3 x 2 x 1,5'. Dois conjuntos de preparações BD-502-507 são utilizados como catalisadores para o processo de compostagem. O CPP é um poderoso melhorador do solo. É uma fonte concentrada de organismos benéficos. [66)6)56]Num estudo, o CPP apresentou a maior carga bacteriana (4,8 X 10) por g, *Rhizobium* (1,9 X 10 *), Azospirillum* (0,2 X 10), *Azotobacter* (8,0 X 10) e fungos (2,5 X 10) (Ram *et al*, 2010) Diagrama 1. [6]Continha também a maior quantidade de *B. subtilis* (1,9 X 10), que é responsável pela tolerância a doenças nas plantas (Proctor, 2008). A análise microbiana da fossa de estrume de vaca na Tabela 9 mostra que se trata de um consórcio de micróbios benéficos.

Melhora a germinação das sementes, promove o enraizamento de estacas e transplantes, melhora a estrutura do solo, torna as plantas resistentes a pragas e doenças e complementa e corrige as deficiências de micronutrientes. O CPP é cada vez mais utilizado no tratamento de sementes e em aplicações foliares. A análise microbiana do estrume de vaca é apresentada no Quadro 9.

Fig.5 Preparação da fossa de estrume de vaca

O Cow Pat Pit contém três hormonas de crescimento vegetal: ácido indolacético IAA (28,6 mg/kg), cinetina (7,6 mg/kg) e ácido gíbrico (23,6 mg/kg) (Perumal *et al*; 2006). O CPP fornece nutrientes e estimula o crescimento das plantas através da promoção da população microbiana e da proteção contra doenças fúngicas.

Num estudo, a utilização de Bio-Enhancer (CPP) na zona radicular da tangerineira de Nagpur não revelou qualquer podridão da coroa, enquanto a limpeza das partes afectadas e o revestimento do tronco com estrume de vaca mostraram uma rápida recuperação.

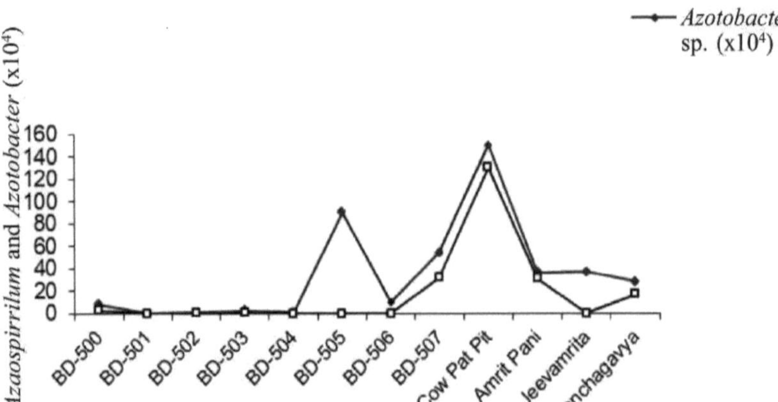

Fig.6 Número de *Azotobacter* e *Azospirillum* sp. em culturas biodinâmicas e bio-melhoradas

3.5 Estrume biodinâmico/pesticidas

O fertilizante líquido BD é feito de materiais como estrume de vaca, urina e folhas de leguminosas, folhas de nim, resíduos de peixe, folhas de rícino e outras partes de plantas medicinais.

Quadro 9: Carga microbiana na fossa de estrume de vaca

S.Nr.	Micro-organismos	Fator de diluição	População microbiana (ufc/g)
1	Bactérias	10^8	16.7
2	Cogumelos	10^5	8.3
3	Actinomicetos	10^6	13.1
4	Bactérias Gram-positivas (MR)	10^8	185.5
5	Bactérias Gram-negativas (CV)	107	231.0
6	Pseudomonas	10^6	6.8
7	Micróbios dissolventes de fosfato	10^5	8.4
8	*Azotobacter*	10^5	28.6
9	*Azospirillum*	10^5	224.0
10	*Rhizobium*	107	310.0

Para além do estrume de vaca, são também utilizados a urina de vaca e uma série de preparados BD (502-507). Estes preparados ajudam a captar a energia cósmica dos diferentes planetas, melhoram o valor nutritivo dos preparados e favorecem o processo de compostagem. Os adubos líquidos são utilizados para aumentar a vitalidade e a qualidade da produção. O estrume líquido demora, em média, 2 a 3 semanas a preparar. O estrume líquido também pode ser preparado com folhas de *pongâmia,* calotropis e urtiga, que também têm propriedades insecticidas e fungicidas. Num ensaio, os gafanhotos da manga foram eficazmente controlados com pesticidas líquidos biodinâmicos. $^{-1th-1}$Antes da pulverização, a população de fungos era de 3,07 fungos em switchgrass e, após a pulverização, observou-se uma redução da população de fungos até 15 SMW (Standard Meteorological Week) com 0,95 fungos em switchgrass . $^{th-1th}$A segunda pulverização foi efectuada a 14 SMW, após o que a população de fungos foi reduzida para 0,4 fungos no panicaut a 19 SMW. O oídio foi tratado com BD - 501 e 02% de enxofre molhável (Fig. 1) (Ram et al., 207).

Num estudo comparativo sobre o estado nutricional de diferentes enzimas orgânicas, o estrume de vaca continha a maior quantidade de macro e micronutrientes, seguido pela preparação biodinâmica 500 (Quadro 10). Vermi Wash e vários fertilizantes líquidos biodinâmicos à base de plantas continham quantidades suficientes de nutrientes e propriedades pesticidas para melhorar o crescimento e o desenvolvimento das plantas (Ram et al., 2008). A análise microbiana dos fertilizantes líquidos biodinâmicos foi efectuada de 0 a 20 dias após a preparação. thA carga microbiana máxima foi observada 9 dias após a preparação (Quadro 11).

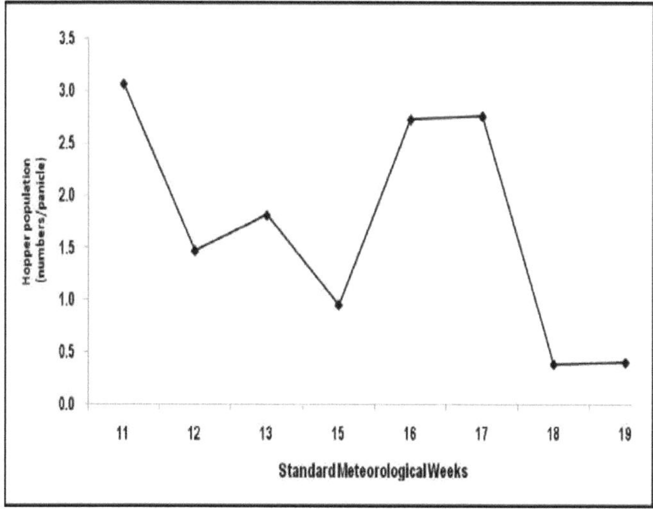

Fig.7. População média de fungos na cultura experimental de manga antes e depois da pulverização.

Fig.8: Preparação de pesticidas líquidos biodinâmicos

Quadro 10. Análise dos nutrientes (em % do peso seco) nos diferentes fortificantes orgânicos (líquido/50 ml)

S. Não	Preparativos	N (%)	P (%)	K (%)	Ca (%)	Zn (ppm)	Cu (ppm)	Fe (ppm)	Mn (ppm)	Na (%)
1.	PPC	2.10	3.85	0.42	4.25	160	62	2595	309	0.30
2.	BD 500	1.26	1.32	0.57	0.45	100	55	1945	173	0.20
3.	Lavar a aletria	0.27	0.64	1.73	0.69	60	31	485	28	0.75
4.	Pesticida biodinâmico à base de neem	0.29	1.09	1.47	3.25	40	34	630	24	1.07
5.	Pesticida biodinâmico à base de óleo de rícino	2.10	1.83	5.87	2.06	50	37	530	57	1.00
6.	Pesticida biodinâmico à base de karanj	2.04	2.06	5.95	6.57	70	44	2620	58	1.12
7.	Pesticida biodinâmico à base de Calotropis	2.25	1.86	6.30	6.76	65	50	2460	83	1.02
8.	Pesticida biodinâmico à base de lantana	3.20	1.51	5.87	2.97	35	36	360	51	5.87
9.	Amritpani	2.37	4.91	6.45	3.35	65	33	1680	109	6.45
10.	Panchagavya	0.007	0.01	0.06	-	2.9	2.4	1.7	25.8	Pista

3.6 . Amrit mitti (terra do néctar)

A primeira etapa da agricultura Natueco é o desenvolvimento do solo de viveiro (***Amrit mati***) utilizando recursos ambientais. O solo de viveiro é composto por 50% de biomassa e 50% de terra mineral activada (em volume). A biomassa constitui a parte orgânica e o solo superficial a parte inorgânica do amrit mati. O solo superficial suporta a planta e fornece-lhe água e nutrientes da forma mais eficiente possível.

Tabela 11. Diferentes populações microbianas em *pesticidas líquidos biodinâmicos*

Sl. Não.	Tipo de micróbio	Fator de multiplicação	População microbiana (ufc/ml) após dias de preparação					
			0	3	6	9	14	20
1	Bactérias	10^8	10.5	8.4	16.13	22.73	14.52	24.30
2	Cogumelos	10^6	0.01	0.07	0.75	2.64	0.03	0.05
3	Actinomicetos	10^8	1.9	0.91	0.55	1.37	1.65	0.47
4	Bactérias Gram-positivas	10^8	2.6	2.5	0.04	0.02	0.01	0.01
5	Bactérias Gram-negativas	10^7	1.68	4.3	5.26	6.86	5.42	4.93
6	*Pseudomonas*	10^8	0.03	0.59	1.25	3.28	1.10	1.50
7	Rhizobium	10^6	0.16	1.1	1.92	1.94	3.65	3.09
8	micróbios p-solubilizadores	10^6	4.43	4.55	5.50	8.50	0.26	2.00
9	*Azotobacter*	10^6	7.66	3.75	1.36	2.00	1.80	1.54
10	*Azospirillum*	10^6	0.01	0.01	0.1	0.14	Zero	1.43

Para obter uma terra para vasos de qualidade, é particularmente importante aumentar o conteúdo orgânico através da adição de biomassa. A parte orgânica bem compostada da terra para vasos chama-se HUMUS e contém ligno-proteínas. É de cor preta, leve e pode ser reduzida a pequenos fragmentos ou migalhas. Tem uma boa capacidade de retenção de água, que é o dobro do seu próprio peso. Em geral, o peso de um material deste tipo por litro do seu volume em miolo fino é de cerca de 400 gramas. Tem um brilho preto caraterístico e, especialmente no estrume animal bem compostado (humedecido), podem ver-se camadas de colónias mortas de microflora.

Processo para a produção de amrite mate

O Amrit mitti é preparado em quatro fases

- Preparação do Amrit Jal

- Preparar a pilha
- Revegetação da escombreira
- Manutenção da escombreira

3.7 . *Amrit Jal* (água de néctar)

É preparado misturando um litro de urina de vaca com um quilograma de estrume de vaca, 50g de jaguar preto/ 12 bananas, sumo de cana de açúcar, flores de mahua ou maçãs de caju e diluindo a mistura em 100 litros de água.

Preparar a pilha

- A pilha tem 3 metros de comprimento, 3 metros de largura e 1 metro de altura.
- Em média, são preparados 400 a 600 litros de amrit *jal* para uma pilha.
- Resíduos orgânicos Os resíduos orgânicos disponíveis localmente, como folhas, palha de cereais, relva, resíduos de forragem, aparas de relva, etc., são reciclados.
- Os resíduos orgânicos são cortados em pequenos pedaços de 3-4 polegadas e embebidos em *amrit jal* durante 24 horas.
- Forma-se no solo uma camada alternada de terra recolhida por trituração e de resíduos orgânicos;
- 300 g de sementes de várias plantas com sabores diferentes são misturadas com *Amrit Jal*
espalhados no monte;
- Para garantir uma grande variedade de espécies, são utilizadas sementes de 6 espécies vegetais diferentes, que são semeadas na pilha;
- Os seguintes tipos de sementes podem ser utilizados para cobrir o monte de forma viva

1. Cereais - arroz, jowar, bajra, milho, trigo ou um destes cereais
2. Leguminosas - Grão-de-bico verde, grão-de-bico, grão-de-bico preto, chichon
3. Sementes oleaginosas - amendoim, sésamo, rícino, mostarda
4. Especiarias - Methi, Jira, Rai, Malagueta, Mostarda
5. Legumes - tomate, couve-galega, feijão, cabaça amarga
6. Plantas rasteiras - pepino, abóbora vermelha, abóbora de garrafa,

abóbora esponjosa, abóbora comprida,

7. Culturas de raízes - açafrão-da-terra, gengibre, batata-doce, tapioca,
8. Plantas fibrosas - algodão, quiabo
9. Plantas com flores - Souci, jasmim
10. Plantas aromáticas - Tulsi (*Ocimum* sp), Satavari (*Asparagus* sp), Adhatoda, Kalmegh (*Andrographis paniculata*), árvores de vida longa - *Leucanea, Acacia*, Neem (*Azadirachta* sp), Drumstick (*Moringa*), *Pongamia, Mahua (Madhuca latifolia), Glyricidia*

- Todas estas sementes precisam de ser misturadas e cultivadas para melhorar o ecossistema e fornecer uma dieta básica.
- Utilizar 10 g de sementes misturadas por metro quadrado de pilha,
- Antes da sementeira, deixar as sementes de molho durante 8 horas em jal amrit.
- Colocar uma camada de 4" de espessura de cobertura vegetal até à germinação.

Para além da diversidade biológica, existem também diferenças consideráveis na disponibilidade de nutrientes nas diferentes fases da folhagem das plantas, que são resumidas a seguir.

- Folhas tenras - ricas em zinco, fosfato, boro e molibdénio
- Folhas verdes maduras - ricas em azoto, magnésio e potássio
- Folhas secas - ricas em cálcio, sílica, boro, ferro e manganês.

Precauções a tomar

A pilha deve ser coberta com uma cobertura vegetal orgânica disponível localmente e mantida húmida através de pulverizações frequentes com água ou, na sua falta, com amrit jal (água de néctar). Passados 21 dias, cortam-se os 25% superiores da pilha e colocam-se no cimo da pilha. Quando as plantas atingem 42 dias, os 25% superiores são novamente cortados e colocados no cimo do monte e, após 63 dias, são deixados % de centímetros no monte e o resto é cortado e colocado no cimo do monte. Este processo em três fases garante que todos os nutrientes presentes nas folhas tenras, nas folhas maduras e nas folhas secas velhas estejam disponíveis. Após 140 dias, toda a pilha é virada e pode ser utilizada.

Rupela (2008) analisou amostras de diferentes camadas da pilha e relatou os níveis mais elevados de fósforo disponível, fósforo total, azoto disponível, potássio transferível e carbono orgânico. Descobriu que algumas amostras de Amrit mitti continham até 100 milhões de bactérias promotoras do crescimento de plantas (produtoras de sideróforos) em cada grama de composto - a maior quantidade alguma vez medida em composto.

3.8 *Panchagavya*

Este é um remédio orgânico especial feito de cinco produtos de vaca: estrume, urina, leite, queijo cottage e ghee. Quando misturado corretamente e incubado durante o período recomendado, a solução final fermentada tem um efeito maravilhoso nas plantas. Rico em nutrientes, auxinas, giberelinas e fauna microbiana, o preparado actua como um tónico que enriquece o solo e permite que as plantas cresçam e produzam produtos de qualidade. Tudo começou com o trabalho pioneiro do médico Natrajan (2003), que foi posteriormente estudado pela TNAU,

Coimbatore, Índia, e outros institutos. O seu efeito positivo no crescimento e na produtividade das culturas foi estudado e documentado por numerosos investigadores. Devido à presença de macro (N, P, K e Ca) e micronutrientes (Zn, Fe, Cu, Mn) e agentes biológicos como *Azospirillum, Azotobacter,* Phosphobacteria e *Pseudomonas* (Yadav e Lourduraj, 2005 (quadro 12), enzimas promotoras do crescimento e nutrientes essenciais para as plantas (Vasumathi, 2001; Perumal, *et al*, 2006; Swaminathan, 2005, Sreenivas, *et al*, 2011). *O Panchagavya* está agora a atrair a atenção como um promotor de crescimento orgânico eficaz (Naik, *et al*., 2009).

Fig. 9 Preparação do *panchagavya*

A composição do *Panchagavya* foi estudada por Patnaik *et al* (2012), que observaram a presença de bactérias heterotróficas aeróbias, bactérias do ácido lático, leveduras, fungos e bactérias anaeróbias. Num estudo, a carga microbiana mais elevada foi observada numa preparação com 7 dias de idade. No entanto, foi observada uma redução progressiva da carga microbiana até 50 dias e a população diminuiu significativamente após 30 dias.

Rico em nutrientes, auxinas, giberelinas e fauna microbiana, este preparado actua como um tónico para enriquecer o solo e estimular a vitalidade das plantas para uma produção de qualidade. É igualmente eficaz para todos os tipos de plantas, animais leiteiros, caprinos, aves, peixes e animais domésticos. A sua ação notável foi demonstrada em frutos como a manga, a goiaba, a lima ácida, a banana, a curcuma picante, o jasmim em flor e em legumes como o pepino, os espinafres, etc. A pulverização de *Panchagavya* em malaguetas resulta no aparecimento de folhas verde-escuras no prazo de 10 dias, e o seu papel foi descrito por Sreenivasa *et al.* 2009. Os microrganismos activos no *Panchagavya* são uma cultura mista de micróbios benéficos naturais, principalmente bactérias do ácido lático (*Lactobacillus*), leveduras (*Saccharomyces*), actinomicetos

(*Streptomyces*), bactérias fotossintéticas (*Rhodopsuedomonas*) e certos fungos (*Aspergillus*). Uma vez que *o Panchagavya* contém microrganismos benéficos naturais (Swaminathan, 2005), alguns dos quais são fixadores de azoto e solubilizadores de P (Sreenivas, et al., 2011), pode ser considerado um estimulador de crescimento orgânico ideal. No entanto, é aconselhável utilizá-lo no prazo de 30 dias após a preparação para obter melhores resultados (Patnaik *et al.*, 2012). Verificou-se que a utilização de *panchagavya* é mais rentável do que a utilização recomendada de fertilizantes químicos e pulverizações. Kumar et al (2015) relataram que, entre os diferentes tratamentos testados para controlar as pragas de insectos da teca (*Tectona grandis*), a aplicação de *panchagavya* diluído a 7% e 5% foi considerada mais eficaz no controlo de pragas. A análise de custo-benefício mostrou que *o panchagavya* diluído a 7% era menos caro e mais acessível para os arboricultores.

thA análise microbiana sistemática do *Panchagavya* de 0 a 25 dias sugere que *o Panchagavya* tem a carga microbiana mais elevada no dia 18. thConsequentemente, a utilização do *Panchagavya* é mais eficaz no dia 18 do que noutros dias (quadro 13).

A análise nutricional do *Panchagavya* revelou que contém quase todos os macro e micronutrientes, bem como as hormonas de promoção do crescimento (IAA, GA) necessárias para o crescimento das plantas (Ram et al, 2017 e Selvaraj, et al, 2006). A predominância de microrganismos de fermentação, tais como leveduras e *lactobacilos*, deve-se ao efeito combinado de produtos lácteos de pH baixo e à adição de açúcar de cana/sumo de cana como substrato para o seu crescimento. Em geral, 3% (3 kg/

Tabela 12. Análise microbiana de *Panchagavya*

S.Nr.	Micro-organismos	(ufc/ml)
1.	Cogumelos	3.88×10^3
2.	Bactérias	1.88×10^6
3.	*Lactobacilos*	2.26×10^5
4.	Anaeróbios	1.0×10^3
5.	Acidificantes	360
6.	Metanogénios	250

Quadro 13: Diferentes populações microbianas em *Panchagavya*

Sl. Não.	Tipo de micróbio	Fator de multiplicação	População microbiana (ufc/ml) após dias de preparação							
			0	3	6	9	14	18	20	25
1	Bactérias	107	3.40	4.90	3.50	7.15	5.30	62.50	25.9	29.5
2	Cogumelos	10^5	0.01	0.50	4.00	1.20	0.56	0.20	0.15	0.1
3	Actinomicetos	10^6	0.19	0.30	1.70	1.80	1.40	2.20	8.00	7
4	Bactérias Gram-positivas	107	1.38	2.04	1.10	0.23	0.13	0.11	0.19	12
5	Bactérias Gram-negativas	10^6	0.55	1.20	2.50	3.20	6.10	17.40	35.8	0.9
6	*Pseudomonas*	10^6	1.89	1.20	1.42	2.40	6.00	47.00	57	3.1
7	Rhizobium	10^6	1.48	6.74	1.55	2.05	1.92	2.43	4.14	2.42
8	micróbios p-solubilizadores	10^6	0.29	0.15	0.15	0.16	1.40	3.20	2.42	2.13
9	*Azotobacter*	10^6	4.50	3.93	0.01	0.092	0.07	0.14	0.15	0.15
10	*Azospirillum*	10^5	1.12	0.29	0.06	0.49	0.72	1.03	1.60	4

100 litros) de solução *Panchagavya* provou ser eficaz para a maioria das culturas. Esta solução pode ser misturada com 50 litros de água de rega por hectare, quer por rega gota a gota, quer por rega corrente. Esta solução também é utilizada para tratar sementes, plântulas ou outras partes da planta antes da sementeira/plantação. Tratar as sementes com *Panchagavya* antes de as armazenar e secá-las à sombra é útil para prolongar a sua vida útil.

3.9 . Dasagavya

Como o seu nome indica, o Dasagavya é uma mistura de dez produtos compostos por *panchagavya* e certos extractos de plantas. Os extractos de folhas de cinco ervas daninhas comuns - *Artemisia nilagirica, Leucas aspera, Lantana camera, Datura metal* e *Phytolacca dulcamera* - são obtidos mergulhando o material vegetal separadamente em urina de vaca durante dez dias, numa proporção de 1:1. Os extractos são recolhidos, bem misturados com panchagvaya e deixados a repousar durante 25 dias (Selvaraj, 2012).

Para as regiões tropicais, são recomendadas as seguintes plantas: Neem

(*Azadirechta indica*), Akara (*Calotropis gingatia), Adhatoda (Adathoda vasica)*, Karanj (*Pongamia pinnata*), Vitex (*Vitex negundo*), Ratan Jot (*Jatropha curcas*), etc.

Dasagavya tem o potencial de estimular o crescimento e reforçar o sistema imunitário das plantas contra parasitas e doenças. As bactérias fermentativas, *Lactobacillus*, que crescem na solução, produzem vários metabolitos úteis, tais como ácidos orgânicos, peróxido de hidrogénio e antibióticos que são eficazes contra outros microrganismos patogénicos. Os aldeídos de cadeia curta estão envolvidos na reação de hipersensibilidade das plantas aos agentes patogénicos. Os ácidos gordos estão envolvidos no desenvolvimento embrionário e no enchimento das sementes. A aplicação regular de uma solução a 3% revelou-se altamente eficaz contra um grande número de pragas e doenças, como a mancha foliar, o míldio, o oídio e a ferrugem vegetal. Verificou-se também que as plantas tratadas têm um efeito inibidor contra pragas sugadoras como pulgões, tripes, moscas brancas e ácaros, bem como lagartas das folhas (Selvaraj, 2006).

3.10 . *Jeevamrita*

A jiwamrita é produzida através da fermentação de estrume de vaca, urina, jaggery, farinha de leguminosas e terra virgem, utilizando instalações simples da aldeia e um esforço mínimo. Palekar (2006), um fervoroso defensor da agricultura natural, é responsável pelo desenvolvimento de receitas de jeevamrita e pela sua ampla utilização. A jeevamrita pode ser utilizada em intervalos de 15 a 30 dias através da irrigação em combinação com a cobertura morta (verde/seca {monocotiledónea + diocotiledónea}) e o arejamento adequado do solo. Jeevamrita é uma bio-formulação rica que contém consórcios de micróbios benéficos. thA análise microbiana sistemática da Jeevamrita desde o dia 0 até ao dia 20 ( ) da preparação sugere que a formulação deve ser utilizada no prazo de 6-9 dias para obter o máximo de benefícios (Quadro 14) Ram et al, 2017. 200 litros de Jeevamrita são suficientes para um hectare de cultura. Em geral, recomenda-se a aplicação de 2 a 3 vezes durante o período de colheita. Pode ser aplicado por irrigação gota a gota ou por pulverização sobre a cobertura vegetal. Também é eficaz para a rápida decomposição de resíduos de culturas quando aplicado com a água de irrigação utilizada para preparar os campos. Com a micro-irrigação, 200 litros de Jeevamrita podem cobrir 3 a 4 vezes a área de superfície.

3.11 *Beejamrita*

Trata-se de um fortificante biológico especial feito de materiais disponíveis localmente para tratar sementes e plântulas. Como esta preparação é muito barata e económica, pode ser facilmente preparada e usada por agricultores de pequena escala e de fronteira. Apresenta-se a seguir uma breve descrição da preparação:

Tabela 14: Diferentes populações microbianas em *Jeevamrit*

Sl. Não.	Tipo de micróbio	Fator de multiplicação	População microbiana (ufc/ml) após dias de preparação					
			0	3	6	9	14	20
1	Bactérias	107	1.80	43.00	148.1	324.20	52.60	7.20
2	Cogumelos	107	0.01	0.02	0.50	1.20	4.42	3.50
3	Actinomicetos	10^6	2.70	8.00	3.10	3.10	0.50	0.30
4	Bactérias Gram-positivas	10^8	0.12	0.45	0.18	1.60	0.14	1.20
5	Bactérias Gram-negativas	107	0.50	3.13	11.90	20.19	0.13	1.00
6	*Pseudomonas*	107	0.19	2.60	2.89	5.09	0.005	0.30
7	Rhizobium	10^6	1.66	10.80	12.41	75.10	35.0	0.71
8	micróbios p-solubilizadores	10^6	1.20	3.80	3.94	5.04	1.40	0.03
9	*Azotobacter*	10^5	5.00	0.10	0.30	1.12	0.30	0.10
10	*Azospirillum*	10^5	9.00	0.50	0.60	0.01	Zero	Zero

- Estrume de vaca5 kg
- Ureia para vacas5 litros
- Terra virgem50 g
- Cal apagada50 g
- Água20litros

Fig.10. Preparação da beejamrita

É aconselhável utilizar uma panela de barro de tamanho apropriado para a preparação. Cinco kg de estrume fresco de vaca são postos de molho durante a noite em água, num saco de algodão. 50 g de cal são misturados separadamente com um litro de água. O estrume de vaca é cuidadosamente lavado três vezes com água para se obter toda a essência do estrume na água, na manhã seguinte. Adicionam-se cinco litros de urina de vaca e agita-se cuidadosamente a mistura. Adicionam-se 50 g de terra fresca e água calcária e dilui-se a solução a 20 litros com água limpa. É aconselhável preparar *beejamrita* fresca e usá-la para tratar sementes/plantas e outras partes da planta antes de semear/plantar/transplantar. [th]A análise microbiana da Beejamrita mostrou que ela deve ser usada 7 dias após a preparação (quadro 15). No caso da transplantação, é aconselhável tratar as sementes com *Beejamrita* antes da sementeira e, no caso da plantação, embeber as raízes das plantas antes da transplantação. Os efeitos do tratamento com *Beejamrita* são resumidos a seguir.

Consequências

- Protege as sementes/partes de plantas da infeção por agentes patogénicos.
- Eficaz contra doenças transmitidas pelo solo
- Melhora a germinação e o crescimento das plantas
- Aumenta o número de rebentos (batata, cana de açúcar, etc.)
- Melhora o crescimento das plântulas

3.12 *Amritpani*

Trata-se de uma formulação orgânica especial, rica em nutrientes e micróbios benéficos. Os ingredientes necessários para preparar o amritpani e a sua utilização intensiva foram recomendados por Deshpandey (2003). É utilizado para melhorar a germinação das sementes, a fertilidade do solo e a vitalidade das plantas. Utilização do amritpani

Tabela 15: Diferentes populações microbianas na Beejamrita

S.Nr.	População microbiana	Fator de diluição	th7 Dia de preparação
1	Bactérias	10^8	41.06
2	Cogumelos	10^4	Zero
3	Actinomicetos	10^6	15.25
4	Pseudomonas	10^6	28.32
5	Azotobacter	10^6	78.98
6	Azospirillum	10^5	44.93
7	Bactérias dissolventes de fosfato	10^6	1.36
8	Rhizobium	10^6	17.72

$^{-1-1}{}_{25}\,{}_{2}{}^{-1}$com 250 g de solo da rizosfera da árvore *Ficus benghalensis* e cobertura vegetal orgânica na produção ecológica de goiaba deu rendimento máximo (INR 1 27 746 ha) e relação benefício/custo (4,4) em comparação com INR 1 20 820 e 3,7 ao aplicar 350 g N, 150 g P O e 350 g K O árvore (Ram e Verma, 2017).

- Barris de cimento/plástico ou contentores de terra

Método de preparação

- Misturar cuidadosamente 250 g de ghee com 10 kg de estrume de vaca.

Quadro 16: Materiais necessários para preparar o amritpani

S.Nr.	Ingredientes	Quantidade
1	Estrume de vaca	10 kg
2	Kuhghee	250g
3	Mel	500 g
4	Água	200 litros

- 500 Adicionar o mel a esta mistura
- adicionar 200 litros de água, mexendo sempre
- Cobrir a abertura do recipiente com um pano/saco de juta
- Agitar duas vezes por dia durante uma semana

- Filtrar e pulverizar sobre as culturas no campo
- 200 litros são suficientes para cobrir um hectare de terra
- Também pode ser pulverizado sobre a cobertura vegetal para a ajudar a decompor-se rapidamente.
- Pode ser aplicado na bacia da árvore acima da camada de cobertura morta por irrigação gota a gota ou rega.

Fig.11. Preparação do amritpani

thA análise microbiana sistemática do amritpani de 0 a 20 dias sugere que, para uma eficácia máxima, o amritpani deve ser utilizado de 6 a 9 dias após a preparação (quadro 17). Uma vez aplicado no solo, melhora o teor de húmus, a atividade das minhocas e, por conseguinte, a fertilidade do solo e a produtividade das plantas.

3.13. Extrato digestor orgânico

O extrato é obtido através da fermentação das folhas esmagadas da planta com estrume de vaca e água.

Tabela 17: Diferentes populações microbianas em *Amritpani*

Sl. Não.	Tipo de micróbio	Fator de multiplicação	População microbiana (ufc/ml) após dias de preparação					
			0	3	6	9	14	20
1	Bactérias	10^8	2.40	2.74	3.29	5.49	1.60	1.20
2	Cogumelos	10^6	0.12	0.11	0.001	0.046	0.05	0.18

3	Actinomicetos	10^7	0.66	0.73	0.10	1.31	0.37	2.00
4	Bactérias Gram-positivas	10^8	0.50	1.70	0.30	0.30	0.07	0.29
5	Bactérias Gram-negativas	10^8	0.10	0.29	0.58	1.35	0.06	0.12
6	*Pseudomonas*	10^7	0.71	1.47	1.29	1.53	4.80	3.10
7	Rhizobium	10^6	0.50	0.40	1.20	3.03	1.12	1.64
8	micróbios p-solubilizadores	10^6	0.72	2.20	3.20	4.80	2.93	2.00
9	*Azotobacter*	10^7	2.97	0.26	0.01	0.001	0.28	0.27
10	*Azospirillum*	10^6	2.01	0.80	0.02	Zero	0.20	0.01

urina em um recipiente plástico de tamanho adequado, conhecido como biodigestor. Em geral, as folhas verdes de neem, calotropis, *vitex, adhatoda, ipomea,* baunilha e agave (5 kg cada) são misturadas com um pouco de terra e 200 litros de água. A mistura é agitada três vezes por dia e está pronta a ser utilizada após três semanas. A carga microbiana e o estado nutricional de *panchagavya, beejamrita, jeevamrita* e extrato de purificação biológica foram estimados por Sreenivasa *et al* (2009 e 2010). Os dados do quadro 4 mostram a presença de microflora, incluindo fixadores de azoto e solubilizadores de P, em todas as formulações líquidas, para além dos principais nutrientes e micronutrientes. A presença de microrganismos benéficos naturais, principalmente bactérias, actinomicetos, leveduras, bactérias fotossintéticas e certos fungos, é a principal vantagem destes bio-melhoradores.

Os resultados do estudo mostraram que o estado nutricional e a carga microbiana nos bio-melhoradores podem variar em função do tipo e da quantidade de material utilizado e da duração da aplicação.

Fig.12. Estrutura da planta de biodigestão

fermentação, condições ambientais, etc. No entanto, os nutrientes e a microflora contidos nos biofertilizantes ajudam a melhorar a fertilidade do solo e, por conseguinte, a aumentar os rendimentos quando utilizados independentemente da cultura em causa. Devido à sua riqueza microbiana, as formulações têm efeitos espectaculares em várias propriedades ligadas à fertilidade do solo e à produtividade das plantas.

O quadro 19 mostra que estes bioprotectores são também uma fonte rica de macronutrientes como o azoto, o fósforo, o potássio e os micronutrientes (Zn, Cu, Fe, Mn, etc.). De acordo com estimativas recentes, os solos indianos apresentam muitas deficiências de nutrientes, pelo que a utilização regular de bio-melhoradores, combinada com a incorporação de resíduos orgânicos para reciclagem, pode ser uma opção rentável e aceitável. Uma técnica de bioalimentação simples e económica foi aplicada com êxito por um grupo de produtores de manga biológica no distrito de Unnao, em Uttar Pradesh, na Índia. O quadro 18 apresenta análises microbianas comparativas dos bio-estimulantes.

Recentemente, Sreenivas *et al.* 2009 estimaram a carga microbiana e o estado nutricional de alguns biofertilizantes selecionados (Quadro 19). Isto sugere que a utilização regular destas formulações pode resolver muitos problemas relacionados com a fertilidade do solo e a produtividade das culturas.

3.14. Lavar a aletria

A lavagem Vermi é um lixiviado líquido obtido pela adição de água em excesso para saturar o processo de compostagem Vermi.

Tabela 18. Carga microbiana em diferentes bioenergizadores

Micro-organismos	População (cfuml-1)			
	Panchagavya	Jeevamrita	Beejamrita	Pasta de biogás
Bactérias	26.1 x 105	15.4 x 105	20.4 x 10^4	12.9 x 105
Cogumelos	18.0 x 103	10.5 x 103	13.8 x 103	9.2 x 103
Actinomicetos	4.2 x 103	6.8 x 103	3.6 x 103	3 x 103
Soluções intermédias P	5.7 x 102	2.7 x 102	4.5 x 102	1.0 x 102
Fixadores de N2 de vida livre	2.7 x 102	3.1 x 102	5.0 x 102	2.1 x 102

Quadro 19. Estado nutricional de diferentes tipos de adubo orgânico

Parâmetros	Panchagavya	Jeevamrita	Beejamrita	Pasta de biogás
Valor do pH	6.82	8.2	7.07	7.29
Sal solúvel (CE)	1,82 dsm[1]	5,5 dsm[1]	3,40 dsm[1]	1,09 dsm[1]
Azoto total	0,1 por cento	4,0 por cento	770 ppm	255 por cento
Fósforo total	175,4 ppm	155,3 ppm	166 ppm	79 ppm
Potássio total	194,1 ppm	252 ppm	126 ppm	42 ppm
Zinco total	1,27 ppm	2,96 ppm	4,29 ppm	0,52 ppm
Cobre total	0,83 ppm	0,52 ppm	1,58 ppm	1,24 ppm
Ferro total	29,71ppm	15,35 ppm	282 ppm	9,60 ppm
Manganês total	1,81 ppm	3,32 ppm	10,7 ppm	8,30 ppm

O substrato. Trata-se de uma acumulação de produtos de excreção das minhocas e de resíduos de muco, bem como de nutrientes provenientes de moléculas orgânicas do solo. O vermiwash é um biofertilizante enriquecido produzido a partir da elevada população de minhocas criadas em vasos de barro, recipientes de plástico ou de cimento (Fig. 13). Verificou-se que o Vermiwash contém um cocktail de enzimas constituído por proteases, amilases, ureases e fosfatases.

Um estudo microbiológico de Vermiwash revelou que continha bactérias fixadoras de nitrogénio tais como Azotobactrer sp., *Agrobacterium* sp. e *Rhizobium* sp. assim como algumas bactérias dissolventes de fosfato. Ensaios à escala laboratorial mostraram a eficácia da Vermiwash no crescimento de plantas de feijão-frade (Zambare *et al*, 2008). A microflora de Vermiwash contém *Azotobacter, Agrobacterium, Rhizobium* e micróbios solúveis em fosfato. A presença destes micróbios torna o azoto inorgânico, os aminoácidos e o fosfato inorgânico disponíveis para as plantas através da aminoficação e da nitrificação. [333]Além disso, a lavagem de Vermi contém um total de micróbios heterotróficos, nomeadamente *Nitrosomonas* 10,1 x 10 , *Nitrobacter* 1,12 x 10 e fungos num total de 1,46 x 10 (Eco science Research Foundation, 2006).

Fig.13. Preparação da Vermiwash

Vermi Wash pode ser utilizado para um melhor crescimento, maior rendimento e melhor qualidade. Análises microbiológicas recentes de Vermi Wash mostraram que contém bactérias fixadoras de nitrogénio, tais como *Azotobacter* sp., *Agrobacterium sp. e Rhizobium* sp. bem como bactérias dissolventes de fosfato. As proteases presentes no solo promovem a germinação das sementes, enquanto as amilases promovem a disponibilidade de fontes de carbono simples para aumentar a vitalidade e a produtividade das plantas. A microflora presente no solo é essencial para o crescimento das plantas, uma vez que os compostos orgânicos de azoto e o fósforo são decompostos e mineralizados por bactérias fixadoras e dissolventes de fosfato (quadro 20). A presença de um grande número de microrganismos benéficos promove o crescimento das plantas e protege contra uma série de agentes patogénicos presentes no campo. A pulverização repetida com Vermi Wash também provou ser eficaz contra tripes e ácaros nos pimentos (George *et al.*, 2007). Se necessário, Vermi Wash pode ser misturado com urina de vaca (proporção 1:1:8, Vermi Wash, urina de vaca e água) e usado como um spray foliar para preservar os nutrientes e as propriedades pesticidas.

O extrato, diluído em água na proporção de 1:5 - 10, pode ser utilizado como pulverização foliar em qualquer cultura. O seu efeito é superior ao dos fertilizantes químicos. Num estudo comparativo de pulverizações foliares de base orgânica, nomeadamente Vermi Wash, extrato de bio-fermentação e *panchagavya* em amoreiras, Vermi Wash numa dosagem de 5% provou ser o mais eficaz na estimulação do crescimento das plantas, do rendimento foliar e de um componente bioquímico, em comparação com os outros e o controlo. O crescimento do bicho-da-seda e as propriedades da seda aumentaram em conformidade com a pulverização foliar de Vermi Wash em amoreiras (Uppar e Rayar, 2012).

Tabela 20. Análise microbiana de Vermiwash

S. Não.		**Fator de multiplicação**	
1	Bactérias	10^8	0.4
2	Cogumelos	107	Zero
3	Actionomycetes	10^6	1.04
4	Bactérias Gram-positivas (MR)	107	3.65
5	Bactérias Gram-negativas (CV)	107	0.12
6	Pseudomonas	107	0.01
7	Rhizobium	10^5	0.07
8	Micróbios dissolventes de fosfato	10^6	0.06
9	Azotobacter	10^6	0.14
10	Azospirillum	10^6	0.007

3.15. Reforço orgânico com cinza de agnihotra

Agnihotra é um processo de aproveitar a energia cósmica através da ciência da piramidologia, os biorritmos da natureza (nascer e pôr do sol), a energia sonora (a ciência de vibrar mantras específicos), queimando substâncias orgânicas devidamente amplificadas e energizadas pela evaporação, e impactando uma área específica estabelecendo pontos de ressonância (Jarek, 1999 e Paranjape, 1989). Observações interessantes sobre a cinza de agnihotra foram relatadas por Punam *et al.* 2011). A cinza de agnihotra foi encontrada como uma fonte rica de carbono orgânico, P, S, K, Ca, Mg, Fe, Mn, Cu e Zn. Além disso, Punam *et al. 2011* relatou em outro estudo que as condições ambientais de Homa têm um impacto negativo na ocorrência e formação de população de frutos de tomate e brocas. A aplicação de cinza de Agnihotra @3.5 mg/planta como pó no solo diretamente no momento do transplante e sua subseqüente suplementação no solo como irrigação em um intervalo regular de 15 dias provou ser o mais apropriado para o manejo de brocas de frutos e brotos. De facto, funciona com o princípio de que nós curamos a atmosfera e a atmosfera curada nos curará. A cinza de Agnihotra e Biosol são duas bio-formulações efetivas comumente usadas na agricultura orgânica Homa. Elas anulam os efeitos dos fatores de contaminação e aumentam a qualidade da produção. A cinza de Agnihotra está cheia de energia subtil e pode ser usada para muitos propósitos na agricultura e na saúde humana. Dois bioamplificadores, água enriquecida com agnihotra e biosol, são preparados pelos agricultores e usados na agricultura.

A cinza de Agnihotra é uma ferramenta poderosa para os agricultores orgânicos

i) Como um pó poderoso cheio de energia e de valores terapêuticos;

ii) Água enriquecida com cinza de agnihotra ;

iii) O Biosol é um biomagnificador eficaz;

São utilizados da seguinte forma

- Guardar as sementes;
- Para o tratamento de sementes e plantas antes da sementeira e da plantação;
- Melhorar a fertilidade dos solos ;
- Tratamento da água para melhorar a sua qualidade e disponibilidade;
- Para melhorar a fertilidade do solo e a vitalidade das plantas;
- Controlo de pragas e doenças ;
- Melhorar a produção e a qualidade dos produtos;
- Melhorar a eficácia do composto, dos biomagnificadores e dos biopesticidas.

3.15.1. Uso da cinza de agnihotra

- Misturar a cinza de Agnihotra com os grãos e sementes antes de armazená-los. Isto reduzirá ao mínimo os ataques de pragas. Os grãos podem ser usados para consumo humano ou como sementes.
- Um quilograma de cinza de agnihotra é espalhado num hectare de terra antes de semear/plantar. A cinza não só ajuda a manter a fertilidade do solo, mas também o energiza, conferindo-lhe energias subtis que promovem o

crescimento das plantas. A cinza de Agnihotra aumenta a capacidade do solo para reter a humidade. Faz que os nutrientes e elementos já presentes no solo sejam solúveis e estejam disponíveis para as plantas. A cinza de Agnihotra dissolve os fosfatos solúveis no solo e os torna bio-disponíveis. Por isso desempenha um papel importante no crescimento das plantas.

- Para tratar as sementes, mergulhá-las completamente na urina de vaca durante 20 a 30 minutos, escorrer a urina e cobri-las cuidadosamente com pó de estrume e cinza de agnihotra antes de semear. As sementes com uma casca dura podem ser guardadas durante 1 ou 2 horas;
- Cinco gramas de cinza de agnihotra podem ser espalhadas sobre as colinas antes de plantar mudas de vegetais;
- Incorporar 25-50 g de cinza de Agnihotra nas plantas frutíferas antes de plantar;
- Polvilhar folhas, flores e frutos com cinza de agnihotra se os insectos forem um problema;
- A cinza de Agnihotra pode ser misturada com cobertura vegetal orgânica ao redor do tronco da árvore. Ajuda a decompor-se rapidamente e proporciona os nutrientes que as plantas necessitam;
- Os frutos perenes podem ser cobertos com as suas próprias folhas. É aconselhável semear algumas leguminosas no pomar onde há uma certa quantidade de luz solar, misturá-las com folhas mortas e fazer uma cobertura espessa que deixe o tronco da árvore e mergulhá-la em água de cinza de Agnihotra/Biosol;
- Excelente alimento para plantas pode ser obtido preparando uma solução de cinza de Agnihotra + urina de vaca e água. Para fazer isto, adicione um quilograma de cinza de agnihotra + 5 litros de urina de vaca a 200 litros de água. Incubar a mistura durante três dias e agitá-la três vezes ao dia. Depois de filtrada, a água enriquecida com agnihotra pode ser usada em lagos de árvores, para regar a cobertura vegetal e como spray foliar.
- Um litro desta solução pode ser deitado numa pilha de composto de 5X1X 1M. A pilha deve ser coberta com um saco de juta, resíduos de cana de açúcar, cascas de coco ou palha de arroz. Isto ajuda o material não decomposto a decompor-se rapidamente e melhora o valor nutritivo do composto.
- As cinzas de Agnihotra são colocadas num saco e mantidas perto da fonte principal de água usada para irrigar pomares ou campos;

- Um quilograma de cinza de agnihotra é adicionado cada semana aos poços usados para irrigar os campos. Isto ajudará a melhorar a qualidade e disponibilidade da água.
- Pode-se fazer uma pasta grossa para árvores com esterco de vaca, urina de vaca, agnihotra e argila. Para frutas como manga, goiaba, aonla e sapota, a pasta deve ser aplicada no tronco, se possível também nos ramos principais e nas pontas cortadas.
- Colar duas vezes, uma imediatamente após a colheita do fruto e a outra na primavera - fevereiro-março - ajuda a combater as pragas e as doenças das gengivas e contribui para uma melhor atividade vascular.
- Usar a cinza de agnihotra na vermicompostagem - Isto envolve colocar minhocas no composto ao fim da tarde e humedecê-las com a solução de cinza de agnihotra depois do pôr do sol.

Em uma revisão sistemática, Tanu et al (2011) relatou que diferentes patógenos foram suprimidos no ambiente homa. A zona máxima de inibição (29-42%) foi registada na cabana de Agnihotra, seguida pela cabana de Tryambacum (8-32%) e ambiente Homa (4-22%). A percentagem de inibição *de Fusarium solani* foi 31.7% quando exposto à cabana de Agnihotra, mas 18.75 e 18.33% para as outras exposições. A maior percentagem de inibição foi observada para *Rhizoctonia solani* e *Sclerotinia sclerotiorum* no ambiente de Agnihotra, 42.66 e 41.12% respetivamente. *Sclerotium rolfsii* mostrou inibição mínima no mesmo ambiente (19.4%). *Phoma medicaginis* e *Alternaria brassicae* foram inibidos em 37.53 e 29.72% respetivamente (Tabela 21). No ambiente Tryambacum, a maior inibição (32,39%) foi observada em *Sclerotinia sclerotiorum* e a menor (8,33%) em *Sclerotium rolfsii.* No ambiente Homa, *Rhizoctonia solani* causou somente 4.22% de inibição, enquanto *Fusarium oxysporum* e *Phoma medicaginis* mostraram 22.77 e 18.37% de inibição respetivamente (Tab.22). Este fenómeno poderia ser explicado por duas razões: (a) *Agnihotra*

Quadro 21: Resposta de diferentes ambientes ao crescimento de fitopatógenos

Ambiente/patogénio	Cabana de Agnihotra		Cabana Tryambacum		Ambiente Homa		Controlo
	Crescimento (mm)	Inibição (%)	Crescimento (mm)	Inibição (%)	Crescimento (mm)	Inibição (%)	Crescimento (mm)
F.solani	16.4	31.7	19.6	18.33	19.5	18.75	24.00

R. solani	25.8	42.66	34.7	22.88	43.1	4.22	45.00
S. sclerotiorum	18.9	41.12	21.7	32.39	26.2	18.38	32.10
S.rolfsii	8.4	19.41	37.4	8.33	36.6	10.29	40.80
F.oxysporum	39.4	32.65	39.3	21.01	42.1	22.27	44.80
Phoma medicaginis	39.7	37.53	39.8	28.57	42.2	22.96	45.00
A brassicae	39.4	29.72	38.5	27.02	42.4	18.37	45.00
Inibição Domínio	29-42%		8-32%		4-22%		

Tabela 22: Reação da cinza de Homa no crescimento de fitopatógenos e bioagentes

Tratamentos	Crescimento (mm)	Controlo (mm)	% de inibição
Sclerotinia sclerotiorum	23.8	35.4	32.7
Fusarium solani	26.0	31.4	17.1
Fusarium oxysporum	28.5	30.6	6.8
Sclerotium rolfsii	38.7	41.2	6.1
Rhizoctonia solani	43.0	45.0	4.4
Alternaria brassicae	21.8	36.1	39.6
Phoma medicaginis	23.0	33.3	30.9
Trichoderma harzianum	33.2	35.9	7.5
Trichoderma harzianum	31.5	33.8	6.8
Trichoderma koningii	33.3	38.2	12.8
Trichoderma koningii	34.9	39.9	12.5

Os vapores são ricos em formaldeído e noutras substâncias que têm um efeito inibidor sobre os microrganismos. (b) Um fenómeno como a formação de smog e a sua difusão nas camadas superiores poderia ser uma hipótese provável. Os dados mostram que todos os organismos foram inibidos pela cinza Homa. O grau de inibição dos agentes patogénicos foi de 4,4-39,6% comparado com os bioagentes (6,8-12,8%). A inibição mais alta foi observada para *Alternaria brassicae*, *Sclerotinia sclerotiorum*, *Phoma medicaginis* e *Fusarium solani*, com 39.6, 32.7, 30.9 e 17.1% respetivamente (Tabela 22). Os outros agentes patogénicos só foram inibidos em 4,4 a 6,8%. Os bioagentes apresentaram geralmente a inibição mais baixa, ou seja, 6,8-12,8%. *T. harzianum* e *T. koningi* apresentaram uma inibição de 6,8-7,5% e 12,5-12,8%, respetivamente.

Em um experimento de laboratório, o efeito da cinza de agnihotra (cinza-2) e cinza não agnihotra (cinza-1) no padrão de crescimento de microrganismos selecionados foi estudado. Descobriu-se que a cinza de agnihotra tem uma atividade antimicrobiana contra os patogénicos, enquanto que tem um efeito bioptimizador nos microorganismos benéficos (Tabelas 23 e 24). Este estudo fornece uma explicação científica para o poder dos mantras (Ram et al, 2016).

Tabela 23: Crescimento de vários agentes fúngicos em meios contendo cinzas 1 e 2

Cogumelos	Controlo Tamanho da colónia (mm)	Cinza -2 Tamanho da colónia (mm)	Cinza -1 Tamanho da colónia (mm)
Aspergillus fumigatus	40	Sem crescimento	10
Colletotrichum	8	Sem crescimento	4
Fusarium sp.	10	Sem crescimento	5

Quadro 24: Crescimento de vários micróbios benéficos em meios contendo cinzas 1 e 2

Micro-organismos	Tamanho da colónia (mm)		
	Controlo	Cinza -2	Cinza -1
Bacillus pumillus	0.5	1	1
Pseudomonas aeruginosa	1	2	1
Klebsiella pneumoniae	0.5	2	1
Levedura de padeiro (*Saccharomyces cerevisiae* 1)	1	8	1
Levedura industrial (*Saccharomyces cerevisiae* 2)	1	10	1
Saccharomyces cerevisiae 3	1	3	1

Utilização de biopesticidas à base de cinzas de agnihotra - experiências dos agricultores

Uma técnica simples e barata de controlo biológico de pragas tem sido utilizada com sucesso

Tabela 25: Ingredientes necessários para preparar um pesticida biológico rico em cinza de agnihotra.

S.Nr.	Ingredientes	Quantidade
1	Pasta de folhas de Neem (*Azadirechta indica*)	2,5 kg
2	Pasta de Calotropis (*Calotropis gigantia*)	2,5 kg

3	Pasta de folhas de Arusha (*Adhatoda vasica*)	2,5 kg
4	Queijo cottage	2,5 kg
5	Sumo de cana de açúcar	2.5 L
6	Cinza de Agnihotra	Um kg
7	Água	30L
8	Contentor	50L

de um grupo de produtores de manga biológica no distrito de Unnao, em Uttar Pradesh, na Índia.

Procedimento

- Depois de transformadas em pasta fina, as folhas são colocadas num recipiente e adiciona-se coalhada de vaca e sumo de cana-de-açúcar;
- São adicionados 30-35 litros de água e a mistura é cuidadosamente misturada e armazenada durante
  Fermentação durante 15-20 dias.
- Agitado três vezes por dia;
- O material fermentado é filtrado e misturado com 2.000 litros de água para pulverização foliar;

Na manga, quatro pulverizações, uma imediatamente após a colheita dos frutos (agosto), a segunda na formação dos botões florais (outubro), a terceira antes da floração (fevereiro) e a quarta após a frutificação (abril), revelaram uma resposta encorajadora em termos de saúde da árvore, produção e qualidade dos frutos.

3.16. Biosol

Um bio-improvisador especial desenvolvido por Gloria (Jarek, 1999 e Weir, 2009) chamado Gloria Biosol do Peru. Biosol é superior à lavagem Vermi porque contém um grande número de microorganismos úteis e energia da atmosfera Homa (Yadava, 2009). É produzido através de uma série de processos que actuam como um suplemento nutricional para as plantas. O processo envolve a fermentação de substâncias orgânicas - estrume fresco de vaca, vermicomposto, urina de vaca e cinza de agnihotra - junto com yantram (uma moeda de cobre com um padrão específico gravado nela) num recipiente de plástico rígido sob condições aeróbicas por quatro semanas. O biossol a uma concentração de 10-15% é pulverizado em intervalos de 15 dias para aumentar a vitalidade e a produção. Vários estudos demonstraram efeitos significativos do Gloria Biosol no crescimento, rendimento e qualidade dos frutos.

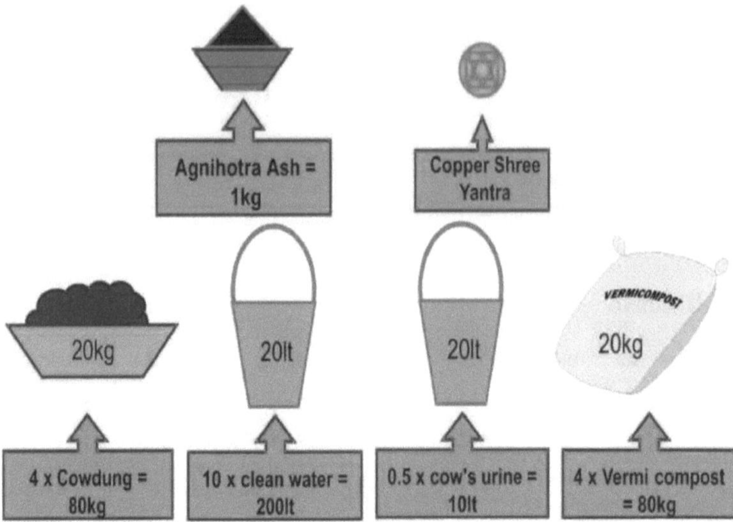

Fig.14. Diagrama esquemático para a produção de Gloria Biosol

Materiais utilizados

Vermicomposto	80 kg
Estrume fresco de vaca	80 kg
Kuhurin	10 L
Cinza de Agnihotra	1 kg
Shree Yantra	1
Água	200 L

Os parágrafos seguintes descrevem sucintamente a preparação do *Biosol* e os seus efeitos.

3.16.2 Instalação de digestão biológica de biossóis

O reservatório de biodegradação pode ter uma capacidade de 200 a 1000 litros. Pode ser um recipiente cilíndrico rígido de plástico com uma válvula de ar, uma saída de líquido e uma tampa. Deve-se ter o cuidado de assegurar que a tampa esteja corretamente selada após o enchimento do produto, para evitar fugas. O diâmetro da abertura da válvula de ar deve ser de uma polegada e meia. A válvula de ar deve ser fixada de forma segura. A saída de líquido do Biosol deve ter 15 cm de diâmetro e estar orientada de modo a poder ser facilmente removida. A tampa deve ser selada com adesivo de alta qualidade e fita de Teflon. Num estudo recente, Namrata *et al* (2012) concluíram que a atmosfera de Agnihotra-Homa sozinha não foi suficiente para aumentar o número de nódulos, peso de nódulos por planta, número de microorganismos, atividade de desidrogenase e estado de macro e micronutrientes do solo, assim como a proteína de semente e conteúdo de óleo. O único aumento significativo em macronutrientes registado pelo controlo Homa foi no carbono orgânico, enquanto que no caso dos micronutrientes, o conteúdo de Fe *aumentou* comparado com o controlo *não Homa.* O aumento múltiplo na atividade da desidrogenase do solo indicou o estado de fertilidade do solo e o seu estado microbiano rico após o tratamento Homa. De todos os tratamentos Homa (*cinza de agnihotra + Biosol*), a aplicação de Biosol no solo (*cinza de agnihotra e* cinza de traymbkum) foi superior em termos de aumento em todos os parâmetros estudados. No entanto, a aplicação foliar de Biosol (cinza de agnihotra + Biosol e *cinza de traymbkum* + Biosol) foi mais eficaz na redução da ocorrência de pragas e doenças. A aplicação de Biosol ao solo também resultou num aumento máximo de nódulos de raiz comparado com os outros tratamentos Homa e o controlo Homa. O aumento notável de carbono orgânico, N, P e K disponíveis, assim como Cu, Zn, Mn e Fe, indica o efeito positivo da cinza Homa, que torna o solo mais rico ao fornecer mais macro e micronutrientes. O uso de Biosol com cinza Homa, em particular a cinza Homa de Agnihotra, oferece um suplemento prometedor a um custo muito baixo, acessível até para os agricultores pobres e marginais. O estudo mostra claramente a utilidade e o potencial da "terapia Homa" ou práticas de agricultura orgânica Homa comparada com métodos convencionais de cultivo químico para soja. Estudos sobre outros cereais, legumes e frutas estão atualmente em curso como parte da agricultura biológica Homa. Efeitos positivos similares do Biosol no solo e aplicações foliares foram observados em repolhos e tomates. Em um estudo, Kumari (2010) relatou que a cinza de Trayambkam Homa como um tratamento de semente e aplicação foliar de Biosol mostrou um efeito significativo no aumento da altura da planta, conteúdo de matéria seca nas folhas, rendimento de grãos e palha e peso de 100 sementes de soja. Macro e micronutrientes no solo aumentaram com a aplicação de cinza de Homa e Biosol no sulco. O conteúdo de Zn no solo e a atividade de desidrogenase aumentaram (151% e 233% respetivamente) comparado com o controlo com a aplicação de cinza de agnihotra e Biosol. A ocorrência de ferrugem e ataques de insectos foi significativamente menor com a aplicação foliar de Biosol (10-30%). A proteína total e o teor de óleo aumentaram, e as actividades de -amilase e invertase nos grãos de soja foram maiores quando o Biosol foi aplicado no solo. O uso de Biosol em combinação com cinza de Homa, particularmente cinza de Agnihotra Homa, é um suplemento prometedor de baixo custo que é acessível para agricultores de pequena escala e fronteira. O estudo mostra claramente a utilidade e o potencial das práticas de "agricultura orgânica Homa" comparado com os métodos químicos convencionais de cultivo de soja. Atualmente, estão a ser realizados estudos sistemáticos sobre outros cereais, legumes e frutos no âmbito da agricultura biológica integrada na CSK Himachal Pradesh Agriculture University, Palampur, Índia, na University of Agricultural Sciences, Dharwad, Índia e na Tamilnadu Agriculture University, Coimbatore, Índia. A análise microbiana do biossol é apresentada no Quadro 26.

Tabela 26: Diferentes populações microbianas no biossol

S.Nr.	Micro-organismo	População microbiana (cfu/ml)
1.	Bactérias	31.39×10^{8}
2.	Cogumelos	3.0×10^{3}
3.	Actinomicetos	33.1×10^{6}
4.	Bactérias Gram-positivas	6.13 x 107
5.	Bactérias Gram-negativas	Colónia não encontrada
6.	Pseudomonas	10.56×10^{6}
7.	Rhizobium	1.22×10^{6}
8.	Bactérias dissolventes de fosfato	2.96×10^{4}
9.	*Azotobacter*	1.10×10^{5}
10.	*Azospirillum*	Colónia não encontrada

5. Estratégia de promoção da bioenergia

- As informações acima referidas mostram que os biofertilizantes têm um potencial imenso para melhorar a fertilidade do solo, a produtividade das plantas e a proteção das culturas.

- É paradoxal o facto de a maior parte da informação sobre estas preparações ser conhecida pelos agricultores indianos desde a antiguidade, mas ainda há uma série de receios em torno da utilização de bio-energéticos, que precisam de ser sistematicamente investigados para uma melhor explicação.

- Avaliação comparativa de intensificadores orgânicos feitos com ingredientes de fontes semelhantes.

  A origem e a explicação científica do seu estado nutricional, os consórcios microbianos e outras informações científicas relacionadas podem dissipar muitos receios.

- O impacto e o papel que desempenham nas práticas globais contribuirão para a sua aceitação na promoção da agricultura biológica.

- Estes podem ser preparados com pouco apoio e formação para melhorar as suas competências.

- O estado nutricional (macro e micronutrientes), os factores de promoção do crescimento, as propriedades de reforço da imunidade, etc. devem ser descritos de modo a serem rapidamente aceites pelos cientistas e pelos agricultores.

- Uma vez devidamente filtrados, os bio-energéticos podem ser utilizados para irrigação através de sistemas de gotejamento/aspersão.

- Uma avaliação comparativa dos potenciadores biológicos acima referidos, em termos de valor nutricional e de impacto, ajudará na sua preparação e utilização.

- É necessário determinar a sua contribuição para a produção biológica e a frequência da sua utilização em diferentes culturas.

4. conclusão

Da lista acima, podemos concluir que os biofertilizantes podem contribuir significativamente para melhorar a fertilidade do solo, a produtividade e a qualidade das culturas. Podem também ser uma alternativa potencial à fertilização, que está a tornar-se comum para a maioria das culturas. É de notar, no entanto, que os biofertilizantes, utilizados em quantidades limitadas, não podem cobrir todas as necessidades nutricionais das plantas. Apenas catalisam a rápida decomposição dos resíduos orgânicos em húmus, de modo que uma quantidade suficiente de biomassa, de preferência uma combinação de monoculturas e leguminosas, devidamente complementada com resíduos animais, contribui para a produção de húmus de qualidade, condição prévia para melhorar a fertilidade do solo e a produtividade das culturas. Em combinação com os fertilizantes e com a utilização frequente de bio-remendos, muitos desafios agrícolas podem ser enfrentados, e será útil mostrar o caminho para uma agricultura sustentável utilizando recursos orgânicos.

Referências

1. Anónimo. 2006. Training manual on organic agriculture, preparado por Natura Agroconsultants Pvt Ltd. Ministério da Agricultura (MOA) e Organização das Nações Unidas para a Alimentação e a Agricultura (FAO), Índia, no âmbito do Programa de Cooperação Técnica (TCP).
2. Austen A. 1657. Tratar cortes frescos com estrume e urina de vaca para prevenir o cancro da maçã. www.agls.uidaho/ent547biocontrol/ Lectures/ W1a_Intro_Microbial_ Agents.ppt.
3. Chaudhari V, Chauhan, PS, Mishra A, Goel R, Asif M.H., Mantri SS, Bag, S K, Singh, SK, Sawant SV e Nautiyal, CS. 2013. Insight do projeto de genoma de Paenibacillus lentimorbus NRRL B-30488, uma promissora bactéria promotora do crescimento de plantas. Journal of Biotechnology. 168:737-38.
4. Deepak, S. 2012. Amrut Krushi Science, Malpani Trust, Khargaon, Dewas deepaksuchde@gmail.com, web: www.natuecofarmingscience.com.
5. Deshpande, M. D. 2003. Agricultura ecológica em relação à energia cósmica, Non-violent Rishi - Krishi. Khede-Ajra, Kholapur, Maharashtra, 65 p.
6. Frank, E. Saro, GR e Radhakrishnan, MT. 2005. Organic Cotton Crop Guide, a Manual for Practitioners in the Tropics, FiBL, Suíça, 27-32 pp.
7. Garg N, Om Prakash e Pathak RK. 2003. Estrume de vaca: uma fonte de agentes de biocontrolo eficazes. Seminário Nacional sobre Vacas na Agricultura e Saúde Humana. Agri History Society, Udiaipur, Rajasthan, 82 p.
8. Garg, N. 2012, Cow dung as source of bio agents (O estrume de vaca como fonte de agentes biológicos). Conferência Nacional sobre a Gestão de Doenças Ameaçadoras de Culturas Hortícolas, Medicinais, Aromáticas e de Campo em Relação a Situações Climáticas em Mudança e Reunião Zonal, Sociedade Fitopatológica Indiana, 3-5 de novembro de 2012, 85-87pp.
9. George, S. Giraddi, R. S. e Patil. 2007. Utilidade de Vermi Wash para o controlo de tripes e ácaros na malagueta (*Capsicum annum*) suplementada

com substâncias orgânicas do solo, *Karnataka, Jour. Agric. Sci*; 20: 657-59.

10. Gupta V K, Misra A K, Pandey B K, Ram R A, Misra SP e Chauhan U K. 2009. Avaliação de antagonistas isolados de folhas, amigos do ambiente, baseados em pesticidas biodinâmicos líquidos contra a doença da murcha da goiabeira causada por *Fusarium* sp: 77-79.

11. Himankshi, Kanwar, SS, Sourabh, A e Gupta, MK. 2011. diversidade probiótica do leitelho utilizado como agente de biocontrolo na agricultura biológica.pp:88, Proc. Of National Symposium cum Brainstorming Workshop on Organic Agriculture, held at CSK Himachal Pradesh Krishi Vishwa Vidyalaya, Palamur, India, April, 19-20, 2011.

12. Jarek, B. 1999. Homa-Landwirtschaft für das neue Zeitalter, ein praktischer Leitfaden zur Homa-Landwirtschaft basierend auf der alten Wissenschaft des Agnihotra, Fundacja Agnihotra, Nad Lasem/Wysoka 151, Jordanow, Polen, 34-85 p.

13. Khan N, Mishra A, Chauhan, PS e Nautiyal, CS. 2011. A indução de biofilme *de Paenibacillus* lentimorbus por alginato de sódio e Cacl2 alivia o stress hídrico no grão-de-bico. Anals of Applied Biology, 159:372-86.

14. Khan N, Mishra A, Chauhan, PS, Sharma, YK e Nautiyal, CS. 2011. *Paenibacillus lentimorbus* melhora o crescimento do grão-de-bico (*Cicer aretinum* L.) em solo enriquecido com crómio. Antonie van Leeuwenhoek 101:453-59.

15. Kumar M S, Bharath M, Josmin L L, Nisha, L, Basavaraju H. 2015. Eficácia de campo de *Panchagavya* em pragas de insetos registradas durante o estudo em *Tectona Grandis. Revista* Internacional *de Investigação em Agricultura e Silvicultura*, 2 (7):1-8.

16. Kumar, A e Mali, PC 2002. Resposta dos agentes de controlo biológico em relação à resistência adquirida contra o vírus do enrolamento das folhas no Chile. Congresso Asiático de Micologia e Patologia Vegetal, 1-4 de outubro de 2002, 266-67 pp.

17. Kumari N. 2010. Eficiência bioquímica do Homa no cultivo orgânico de soja. Dissertação de mestrado. Universidade de Ciências Agrícolas, Dharwad, Estado de Karnataka, Índia.

18. Majumdar, Girija. 1935. Upavana Vinodha. Instituto de Investigação Indiano, Calcutá. 58p.

19. Mehta S e Nautiyal, CS. 2006. Um método para diferenciar amostras de leite humano e de vaca com base no teor de fosfato solúvel. Food Control. 17 : 180-82.

20. Mehta S e Nautiyal, CS. 2006. Um método eficiente para o rastreio qualitativo de bactérias solúveis em fosfato. Microbiologia atual. 43 : 51-56.

21. Murthy, M. 2005. Energia aura védica - um remédio para doenças das plantas. Proc. da Conferência Nacional sobre a Colmatação da Lacuna entre Tecnologias Antigas e Modernas para Aumentar a Produtividade Agrícola. Organizada pela Asian Agri-History Foundation, Udaipur, Rajasthan. 129 pp.

22. Namarata, K., Bablad, HP e Basakar, PW. 2012, Efeito das Práticas de Agricultura Orgânica Homa na Soja, Carta de Notícias de Agricultura Orgânica, 8 (1): 1-10.

23. Narang, Ish. 2007. A Ciência de Agnihotra. Maharishi Dayanand Charitable Trust, Delhi.

24. Natarajan K. 2003. *Panchagavya* - Um manual. Other India Press, Goa, Índia, 1-23 p.

25. Nautiyal CS, Chauhan, PS, Sharma, Das Gupta, SM, Seem, K, Verma, A, e Staddon WJ. 2010. interações de tripatite entre *Paenibacillus lentimorbus* NRRL B-30488, *Piriformospora indica* DSM 11827 e *Cicer arietinum* L. World Journal of Microbiology and Bio Technology, 26:1393-99.

26. Nautiyal CS, Govindrajan, R, Lavania M, Pushpangadan. 2008. Novo mecanismo de modulação de antioxidantes naturais em alimentos funcionais: Envolvimento de rizobactérias promotoras do crescimento de plantas NRRL B-304888. Journal of Agriculture and Food Chemistry. 56:4474-81.

27. Nautiyal, CS, Mehta S e Singh, HB. 2006. Controlo biológico e estirpes de Bacillus promotoras do crescimento de plantas a partir do leite. Jornal de microbiologia e biotecnologia. 16 : 184-92.

28. Nautiyal, CS, Mehta, S, Singh, HB, Pushpangadan, P. 2009. Método de

seleção de bactérias benéficas tolerantes ao stress provenientes de vacas e sua aplicação na promoção do crescimento das plantas. TT/T/2009/00056; AU 2002345299; 2006. At 1423011; 2006. DE 1423011; DK 1423011; 2006. EP 1423011; 2006. ES 1423011; 2006. FI 1423011; 2006. FR 1423011; 2006. GB 1423011; 2006 IT 1423011; 2006 NL. 1423011 ; 2006. SE 1423011; 2006. USA 7097830; 2004. ZA 2003/2288; 2004. ZW 111/ 2003; 2003. CN 1479577.

29. Nautiyal, CS, Srivastawa S, Mishra, S, Asif M H, Chauhan, P S, Singh, PC, e Nath, P. 2013. A degradação reduzida da parede celular desempenha um papel no controlo mediado pelo estrume de vaca da doença complexa da murchidão do grão-de-bico. Biologia Fertilidade dos Solos. 49:88191.

30. Nene, YL. 2003. Cow and Agriculture, documento apresentado no Seminário Nacional sobre a vaca na agricultura e na saúde humana. Agri History Society, Udiaipur, Rajasthan, 55 p.

31. Nene, YL. 2003 Práticas de controlo das doenças das plantas na Índia antiga, medieval e moderna. Asian Agri-History, 7(3):185-200.

32. Nene, YL. 2007. Utilizing traditional knowledge in agriculture, Seminário Nacional sobre Agricultura Biológica: Esperança da Posteridade, 13-14 de julho de 2007, organizado pela UPCAR e NCOF, 6-10 pp.

33. Niranjan, R. e Shetty, HS. 2002. Proline a novel inducer resistance in pearl millet against downy mildew caused by *Scleronpara gramicola* Asian Congress of Mycology and Plant Pathology, 1-4 October, 2002, 142-46 pp.

34. Palekar, S. 2006. The Philosophy of Spiritual Farming, Amrit Subash Palekar, Amravati, Maharashtra.

35. Paranjpe, VV. 1989. Terapia Homa: Nossa última oportunidade, Five Fold Path Mission, Inc, Madison, USA.

36. Parvati. 2003. vaca, Orion Transmissions Prophecy. Sabedoria Antiga para o Novo Mundo, vol. I, Fundacja Terapia Homa, Wysoka, 117 p. I, Fundacja Terapia Homa, Wysoka, 117 p.

37. Pathak RK, Ram, RA, Garg, N, Kishun, R, Bhriguvanshi, SR, Hasseb, M e Sharma S. 2010. Visão crítica das tecnologias indígenas para a agricultura biológica em culturas hortícolas. Organic Agriculture News, 6 (2): 3-16.

38. Pathak, R.K. e Ram, R.A. 2012. Impact of indigenous organic farming

technologies in environment and disease management of horticultural crops, 64- 74 pp.

39. Pathak, RK e R A Ram. 2009. Manual on *Jaivik Krishi*, ICAR-CISH, Lucknow, Índia.

40. Pathak, RK e Ram, RA. 2003. Role of cow in agriculture, Seminário Nacional sobre a vaca na agricultura e na saúde humana. Organizado pela Asian Agri-History Foundation. 59 p.

41. Tanu, Saroch, Sachin M, Punam e Paul YS. 2011. effect of homa farming practices on agriculturally important microorganisms [efeito das práticas de agricultura biológica em microrganismos de importância agrícola]. Organic farming News Letter, 7(2):3-5.

42. Pathak, RK e Ram, RA. 2012. Bio Enhancer: A Potential to Enhance Soil Fertility and Crop Productivity, p. 84-86. discurso de abertura na Souvenir & Abstracts in International Conference on Organic Farming for Sustainable Horti-Agriculture and Trade Fair, organizada pela Jharkhand State Horticulture Mission, 8-9 de novembro de 2012.

43. Pathak, RK. 2010. Bio-amplificadores de plantas: uma fonte potencial e acessível para a fertilização. Seminário Nacional sobre Agricultura de Precisão organizado na Faculdade de Agricultura, Jhalawar, MPUAT, Udaipur, 327-331 pp. Conferência Nacional sobre a Gestão de Doenças Ameaçadoras de Culturas Hortícolas, Medicinais, Aromáticas e de Campo em Relação a Situações Climáticas em Mudança e Reunião Zonal, Sociedade Fitopatológica Indiana, 3-5 de novembro de 2012.

44. Patnaik HP, Dash, SK e Shailaja, B. 2012. Microbial composition of *Panchagavya*, Journal of Eco-friendly Agriculture 7 (2): 101-03.

45. Perumal KV, Varadarajan S, Murugappa A. 2006. Production of plant growth hormones and subtilin from biodynamic organic fertilizers Organic agriculture - advantages and disadvantages for soils, water quality and sustainability. th18 Congresso Mundial de Ciência do Solo, 9-15 de julho de 2006, realizado em Philipadaia, EUA, 162:4. 1A.

46. Proctor P. 2008, Biodynamic Farming and Gardening, Other India Press, Goa, Índia.

47. Punam, Sharma SK, Kumari R, Rameshwar e Atul. 2011. Efeito de

diferentes tempos e pirâmide nas propriedades da cinza de Agnihotra, pp-149, Abs. Trabalho apresentado no Simpósio Nacional cum Brainstorming Workshop sobre Agricultura Orgânica, abril, 19-20,2011 em CSK, Himachal Pradesh Krishi Vishwa Vidyalaya, Palampur, H.P.

48. Punam, Sharma, SK, Kumari Richa e Paul YS. 2011. Impacto da agricultura Homa sobre as pragas de insectos de tomate (*Solanum lycopersicopn* L) plantas em Himachal Pradesh, pp151 Abs. Trabalho apresentado no Simpósio Nacional cum Brainstorming Workshop sobre Agricultura Orgânica, abril, 19-20, 2011 em CSH, Himachal Pradesh Krishi Vishwa Vidyalaya, Palampur, H.P.

49. Ram R A, Singha A e Verma A K. 2017. Relatório anual. Desenvolvimento de um conjunto de práticas ecológicas para a manga cv. Mallika. Relatório do projeto da rede ICAR, 2-8.

50. Ram RA, Singha A. e Bhriguvanshi SR. 2010. relatório anual, Instituto Central de Horticultura Subtropical, Lucknow, 27 p.

51. Ram, RA e Bhriguvanshi SR. 2008. relatório anual, Instituto Central de Horticultura Subtropical, Lucknow, 35-36pp.

52. Ram R A, Garg, N e Preeti, 2016. Estudo sobre o efeito antimicrobiano de amritpani, estrume de vaca, jeevamrita e panchgavya em agentes patogénicos. Relatório do projeto da rede ICAR, 12-14pp.

53. Sadhale Nalini. 1996. Surpalas Vrikshayurved. Asian Agri-History Foundation, Secunderabad (A.P.): 35-39.

54. Sarkar S, Kundu, SS e Ghorai D. 2014. Validação de substâncias orgânicas líquidas antigas - *Panchagavya* e Kunapajala como promotores de crescimento de plantas. Jornal Indiano do Conhecimento Tradicional, 13(2): 398-403.

55. Sebastain PS. e Christopher LA. 2007. Pulverizações foliares orgânicas indígenas no rendimento das culturas. Journal of Ecobiology. 21: 201-07.

56. Selvaraj N, Anita B, Anusha B e Sarawathi MG. 2006. Organic Horticulture, Horticulture Research Station Tamil Nadu Agricultural University, Udhagamandalam, Tamil Nadu.

57. Selvaraj, N. 2012. Integração de diferentes técnicas de cultivo védico (IVVFT) no rendimento e na qualidade das culturas hortícolas - um estudo

de caso do distrito montanhoso de Nilgiris em Tamil Nadu, Índia. Souvenir & Abstracts in International Conference on Organic Farming for Sustainable Horti-Agriculture and Trade Fair, organizado pela Jharkhand State Horticulture Mission, 8-9, novembro, 2012, 93-99 pp.

58. Sharma H, Xiaoying Zhang e Dwivedi C. 2010. The effect of ghee (clarified butter) on serum lipid levels and microsomal lipid peroxidation. Revista trimestral internacional de investigação em ayurveda. 31(2):134-40.

59. Shrivastava S, Mishra A e Pal A. 2014. Esterco de vaca - uma bênção para a atividade antimicrobiana. Life Science Brochures, 55: 23-26.

60. Sreenivasa MN, Naik N. e Bhat S N. 2011. Estado dos nutrientes e carga microbiana de diferentes fertilizantes orgânicos líquidos. Karnataka Journal of Agricultural Sciences, 24: 583-584.

61. Sreenivasa MN, Nagaraj N e Bhat SN. 2009, Beneficial traits of microbial isolates of organic liquid manures - First Asian PGPR Congress for Sustainable Agriculture, 21-24 June, 2009, ANGARU, Hyderabad.

62. Sreenivasa MN, Nagaraj N e Bhat SN. 2010. Beejamrutha: Uma fonte de bactérias benéficas, Karnataka J, Agril. Sci, 17(4) 731-735 p.

63. Sreenivasa MN, Nagaraj N e Bhat SN. 2010. Organic Liquid Manures: Source of useful micro-organisms and plant nutrients, Organic Farming News letter, 6 (4), December, 2010, 11-13 pp.

64. Sridhar T. 2003. Efeito de bio-reguladores na sombra negra nocturna (*Solanum nigrum* L.) Tese de Mestrado (Agri.), Universidade de Agricultura de Tamilnadu, Coimbatore.

65. Subhashini S, Arumugasamy A, Vijayalakshmi K e Balasubramanian AV. 2001. Vrikshayurveda - Ayurveda e plantas. Centro para o Sistema de Conhecimento Indiano, Chennai, 47.

66. Suthar S. 2010. Deteção de substâncias semelhantes a hormonas vegetais em detergentes Vermi: alternativas ambientalmente seguras a produtos químicos sintéticos para uma agricultura sustentável. Ecology Engineer, 36: 339-42.

67. Swaminathan C. 2005. Produção de alimentos de acordo com Vrikshayurveda. Em *Technology for Natural Farming Eds*. Agricultural College & Research Institute, Madurai, Tamilnadu, India. 18-22 pp.

68. Thimmaiah A e Anjali. 2003. biodynamic agriculture: harmony in chaos, p. 9093. Actas sobre Agricultura Biológica em Horticultura para Produção Sustentável, organizadas pelo ICAR-CISH, Lucknow, Índia, 29-30 de agosto de 2003.

69. Uppar VV e Rayar SG. 2012. Utilização de formulações orgânicas para melhorar a produtividade da amora-preta, J. Eco-friendly Agriculture, 7(2): 137-41.

70. Venkataramana P, Narasimhamurthy, Rao BK e Kamble CK. 2009. Eficácia das pulverizações foliares de vermi e estrume de vaca nos atributos bioquímicos e de rendimento da amoreira (*Morus alba* L.) Karnataka Journal of Agriculture Sciences. 22:92123.

71. Weir ML. 2009. preparação e aplicação de Gloria Biosol: Proc. Conferência de Brainstorming sobre Trazer a Agricultura Orgânica Homa para a corrente principal da Agricultura Indiana, Organizada pela Five Fold Path Mission em colaboração com a Comissão de Planeamento, GOI. 95-96 páginas.

72. Yadav AK. 2009. Organic Farming System: An Integrated Approach, preparado para a Missão Nacional de Horticultura, Departamento de Agricultura e Cooperação, Ministério da Agricultura, Nova Deli.

73. Yadav BK e Lourduraj AC. 2005. Utilização de *panchagavya* como promotor de crescimento e biopesticida na agricultura. In: Environment and Agriculture (ed. Arvind Kumar). APH Publishing Corporation, Nova Deli.

74. Zambare VP, Padul MV, Yadav A A e Shete TB. 2008. Vermi wash: Biochemical and Microbial Approach as Eco friendly soil conditioner, *ARPN J. Agric & Biol. Sci.* 3(4) : 1-4.

75. Zhang W, Dick, WA e Hoitnk, HAJ. 1996: resistência ao composto adquirida sistematicamente no pepino contra o apodrecimento por pythium e a antracnose. *Phytopathology*, 86: 1066-70.

76. R.A.Ram e A. K. Verma (2017). Utilização de energia, rendimento e análise económica no cultivo ecológico de goiaba (*Psidium guajava*) cv. Allahabad Safeda. *Ind. J. Agric. Sci.* 87 (6): 462-67.

Printed by Books on Demand GmbH, Norderstedt / Germany